«Primero damos forma a las herramientas,
luego las herramientas nos dan forma a nosotros».

Marshall McLuhan

LA HISTORIA DE LA
INFORMACIÓN

Escrito e ilustrado por Chris Haughton.

Texto adicional e investigación de Loonie Park.

Texto e ilustración Chris Haughton
Texto adicional e investigación Loonie Park
Consultoría Sarosh Arif, Paul Duguid, Philip Parker

Edición sénior James Mitchem
Edición de arte sénior Charlotte Milner
Edición Becca Arlington
Diseño Eleanor Bates
Coordinación de diseño Sif Nørskov, Anna Pond
Dirección editorial de arte Diane Peyton Jones
Edición de la producción Dragana Puvacic
Control de producción John Casey
Investigación de imágenes Taiyaba Khatoon,
Samrajkumar S, Rituraj Singh
Coordinación de cubiertas Elin Woosnam
Subdirección de arte Mabel Chan

De la edición en español:
Servicios editoriales Miguel Ángel Mazón
Traducción Scheherezade Surià
Coordinación de proyecto Marina Alcione Olmos
Dirección editorial Elsa Vicente

Publicado originalmente en Gran Bretaña en 2024
por Dorling Kindersley Limited DK, 20 Vauxhall
Bridge Road, Londres, SW1V 2SA
Parte de Penguin Random House

CONTENIDOS

Introducción

Este libro está dedicado a la memoria de Geoff Nunberg
(1945–2020)

LA HISTORIA DE LA INFORMACIÓN

Escrito e ilustrado por Chris Haughton.

Texto adicional e investigación de Loonie Park.

Este libro se basa en el curso «Historia de la Información» creado en la
Universidad de California, Berkeley, por Paul Duguid y Geoff Nunberg.

¿Qué les pasó a los humanos?

Hasta hace apenas unos miles de años, los humanos vivíamos en grupos minúsculos y llevábamos una existencia difícil y precaria. Fabricábamos herramientas sencillas de piedra y, en muchos aspectos, no éramos muy distintos de cualquier otra especie animal de la Tierra. Sin embargo, hoy nuestra especie domina el planeta y nuestras tecnologías han transformado el mundo. ¿Cómo ha ocurrido todo esto? ¿Cómo se ha producido un cambio tan excepcional?

Pues este es el tema del libro que tienes en las manos.

Nos gusta decirnos a nosotros mismos que somos diferentes de los demás animales porque somos más inteligentes. Puede que haya algo de verdad en esto, pero la mayoría de las innovaciones más espectaculares de la humanidad se han producido en los últimos cientos de años, o incluso en las últimas décadas. No podemos decir que, como especie, nos hayamos vuelto mucho más listos en tan poco tiempo. Así pues, ¿qué puede estar causando una aceleración tan espectacular del progreso?

En este libro, defenderemos una explicación alternativa de nuestros logros: la información.

El intercambio de información no es nada nuevo en el mundo natural. Casi todas las especies se comunican de algún modo. Las plantas y las bacterias se comunican con señales químicas, y los animales emplean una combinación de llamadas, gestos y olores. Algunas especies precisan años para enseñar a sus crías las habilidades que necesitan para sobrevivir. Sin embargo, los humanos aprovechamos eso y fuimos más allá. Dimos con la forma de compartir y almacenar información, para poder transmitirla a la siguiente generación en mayor medida de lo que se pierde. De esta manera se podía acumular. Y este ha sido el gran avance de nuestra especie.

Una vez iniciado este proceso de acumulación de información, continuó cual bola de nieve rodando cuesta abajo. La tecnología se desarrolló sobre otra tecnología, y cada una fue aumentando el ritmo. Hubo periodos en nuestra historia primitiva en los que apenas cambiaron las cosas, e incluso puede que se volviera a empezar en algunos aspectos. Pero con el tiempo, la recopilación y puesta en común colectiva de conocimientos nos llevó a resolver los problemas cada vez mejor, y el progreso se afianzó de forma imparable, lo que nos ha permitido crear el extraordinario mundo humano complejo en el que vivimos hoy.

¿Cómo empezó todo? Empezó con un código. Un código casi mágico. Un código que permite enviar los pensamientos de un cerebro a otro con tanta precisión que este último tiene el mismo pensamiento.

50 000 a. c.

Población mundial estimada: 2 millones

Pequeños grupos de cazadores-recolectores. Aún no hay humanos en las Américas.
No hay grandes asentamientos. No hay aldeas.

EL LENGUAJE

«El lenguaje es el mayor invento de la humanidad,
si exceptuamos, claro está, que nunca se inventó».

Guy Deutscher

El lenguaje y el cerebro

¿Cómo procesa el cerebro el lenguaje? ¿Cómo toma todas esas mágicas cadenas de sonidos y las convierte en pensamientos? El proceso puede dividirse en dos etapas. En primer lugar, el cerebro tiene que reconocer los sonidos particulares y convertirlos en palabras. Después, estas palabras se unen en secuencias. Mediante estas secuencias de palabras, nuestro cerebro crea el significado.

Los sonidos se convierten en palabras

Desde que nacemos, escuchamos atentamente los distintos sonidos que produce la forma de la boca, y a los 18 meses ya estamos familiarizados con todos los sonidos de nuestra lengua. A partir de ahí, aprendemos que esos sonidos se unen para formar palabras, las unidades más sencillas de significado.

Memoria

Los humanos tenemos una capacidad alucinante para las palabras. Se calcula que un adulto conoce el significado de unas 40 000. Esto significa que todo niño debe aprender una palabra nueva, por término medio, cada tres horas mientras está despierto, desde que tiene un año hasta los dieciocho.

Canción

El habla y la musicalidad están relacionadas. Los sonsonetes, o sonidos repetitivos «cantarines» que hacen los adultos a los bebés, les ayudan a captar los ritmos y sonidos del habla. Es lo que se conoce como habla de bebé o habla dirigida al infante.

Lenguaje sin sonido

La lengua de signos, el lenguaje utilizado por las personas sordas o con dificultades auditivas, es igual de elocuente que el lenguaje hablado.

La palabra más universal del mundo es «mamá». Esta voz, o una variante de ella, es la palabra que designa a la madre en casi todos los idiomas, y a menudo es la primera palabra que pronuncia un niño.

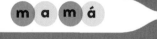

Gramática universal

El lingüista Noam Chomsky cree que, aunque los seres humanos hablan lenguas distintas, hay una estructura común. A esta estructura la denomina «gramática universal». En la década de 1970, los lingüistas la pusieron a prueba tratando de entrenar a chimpancés para que utilizaran la lengua de signos. Llevaron a un chimpancé bebé a casa de una familia y lo criaron junto a niños pequeños. Lo llamaron Nim Chimpsky. A Nim le enseñaron cientos de signos. Aunque parecía entenderlos y comunicarse con ellos, era incapaz de combinarlos para formar frases complejas como hacemos nosotros. Emitía frases de tres y cuatro palabras, como «Plátano comer yo», «Más comer Nim» y «Cosquillas Nim jugar», pero parecía incapaz de entender nada de nuestra gramática. Sin embargo, este tipo de ensayos son controvertidos. Aparte de las consideraciones éticas, no parece muy justo esperar que un chimpancé aprenda los sistemas de comunicación humanos; al fin y al cabo, los humanos no entendemos la comunicación de los chimpancés.

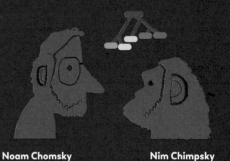

Noam Chomsky   **Nim Chimpsky**

Las palabras se convierten en frases

Las palabras se combinan para formar frases. Estas unidades de significado se encadenan para formar pensamientos. El orden de las palabras es importante: las palabras deben combinarse siguiendo unas reglas especiales para que se entiendan. Todas las lenguas humanas siguen pautas similares. La construcción de las frases es fundamental para su significado.

Frase

Frase verbal

Frase nominal

Frase nominal

el   hombre   golpeó   la   piedra

Gramática

Sin la gramática, una frase podría tener varios significados distintos. Con las palabras «HOMBRE GOLPEAR PIEDRA» podemos obtener varios significados. Aquí van unos cuantos:

El hombre golpea una piedra.
Una piedra ha sido golpeada por un hombre.
El hombre golpeará la piedra.
La piedra ha golpeado al hombre.
¿El hombre golpeó la piedra?
La piedra que golpeó al hombre.

el   hombre   golpeó   la   piedra

¿Cuándo nació el lenguaje?

Cuándo y cómo empezó el lenguaje son dos de las cuestiones más debatidas en toda la ciencia. El problema es que tenemos muy pocas pruebas. Los científicos solo pueden hacer conjeturas basadas en la anatomía de los fósiles humanos y los primeros objetos.

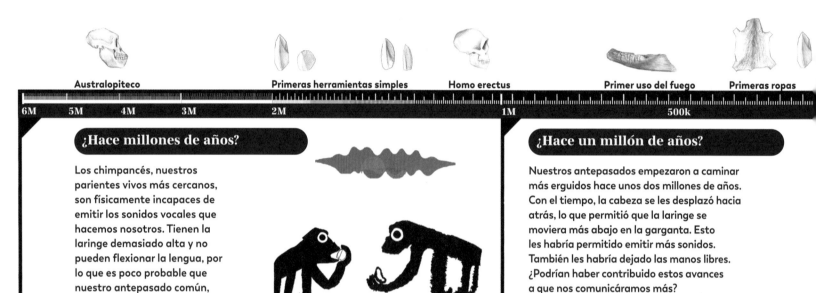

| Australopiteco | Primeras herramientas simples | Homo erectus | Primer uso del fuego | Primeras ropas |

6M 5M 4M 3M 2M 1M 500k

¿Hace millones de años?

Los chimpancés, nuestros parientes vivos más cercanos, son físicamente incapaces de emitir los sonidos vocales que hacemos nosotros. Tienen la laringe demasiado alta y no pueden flexionar la lengua, por lo que es poco probable que nuestro antepasado común, que vivió hace unos seis millones de años, utilizara el lenguaje.

¿Hace un millón de años?

Nuestros antepasados empezaron a caminar más erguidos hace unos dos millones de años. Con el tiempo, la cabeza se les desplazó hacia atrás, lo que permitió que la laringe se moviera más abajo en la garganta. Esto les habría permitido emitir más sonidos. También les habría dejado las manos libres. ¿Podrían haber contribuido estos avances a que nos comunicáramos más?

La vida antes de la escritura

Sabemos muy poco sobre los tiempos anteriores a la escritura, pero podemos tratar de comprender cómo podría haber vivido la gente estudiando las culturas orales que existen hoy en día. Algunas personas viven hoy en comunidades tribales remotas sin ningún tipo de escritura. Estas culturas orales de hoy en día comparten rasgos con las culturas orales históricas del pasado.

En las sociedades tradicionales se venera y respeta a los ancianos. En muchas sociedades incluso se les rinde culto.

Los ancianos

Como no se podía escribir ni grabar nada, la única forma de conservar la historia y los conocimientos importantes era mediante la memoria. Los ancianos de la comunidad tenían más recuerdos y experiencias, por lo que solían ser la fuente más fiable del conocimiento y la historia de un pueblo.

¿Cómo empezó el lenguaje?

Nadie lo sabe a ciencia cierta. Sin embargo, para que se origine un lenguaje tiene que haber cierta confianza. En toda comunicación —animal y humana— hay elementos de información y elementos de desinformación. Si la desinformación pesara más que la buena, no habría ningún incentivo para que evolucionara la comunicación compleja. Para que se haya formado un lenguaje complejo, primero tiene que haber existido cierto nivel de confianza dentro de la sociedad humana.

Se sabe que nuestros antepasados se cuidaban unos a otros durante al menos cientos de miles de años. Tenemos muchos ejemplos de esto, pero un ejemplo famoso es el esqueleto de un neandertal en una cueva de Irak que data de hace 40 000 años. Este hombre estaba totalmente incapacitado por la artritis. Sin embargo, sobrevivió con esta grave dolencia durante muchos años, lo que sugiere que recibía los cuidados de otras personas.

Homo sapiens

Un enorme avance en cuanto a herramientas

50k

¿Hace 50 000 años?

Hace unos 50 000 años, de repente, nuestros antepasados empezaron a fabricar una enorme variedad de herramientas nuevas. ¿Podría esta explosión tecnológica ser el resultado del desarrollo de las habilidades lingüísticas?

Conocimiento local

En la antigüedad, el conocimiento solo podía transmitirse de persona a persona. Además, la gente no viajaba muy lejos, porque el transporte no era fácil ni seguro, así que el conocimiento también se quedaba a nivel local. Las habilidades y la tecnología, como la alfarería y la cestería, se difundían lentamente y contaban con técnicas locales identificables. Los mitos y las historias se extendían a menudo siguiendo los mismos caminos.

La cerámica más antigua que se conoce procede de China. Se remonta a hace unos 20 000 años.

Estudiar los objetos es una forma de hacernos una idea de lo lejos y rápido que se extendía la tecnología.

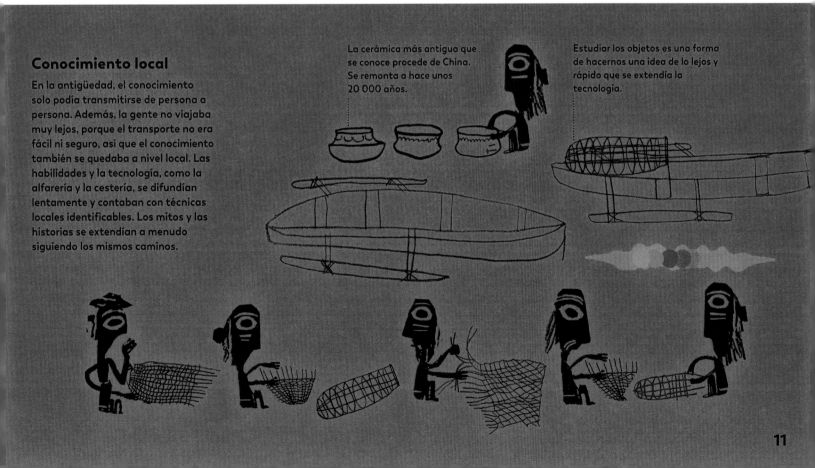

Ceremonias

Nuestro mundo actual funciona a base de burocracia: papeles y documentos. Pero ¿qué hacía la gente antes de escribir? Para celebrar y recordar un momento importante, reunían a muchos testigos para celebrarlo y crear una memoria colectiva del acontecimiento. Esto se conoce como ceremonias.

Coronaciones

Coronar a un nuevo líder es una de las ceremonias más importantes de la sociedad. Para garantizar un gobierno próspero, debe haber un acuerdo general entre el pueblo para aceptar al nuevo gobernante. Por esta razón, una coronación suele ser la ceremonia más compleja de todas.

Ceremonia de coronación - Benín, África Occidental

El Oba de Benín

En Benín, el «Oba» o líder se sienta en un trono, sostiene un cetro y lleva un tocado especial llamado *adé* (corona) y elaboradas vestimentas reales. Estos mismos símbolos antiguos de poder se utilizan no solo en África, sino en toda Europa, Asia, las Américas y el resto del mundo.

A menudo se agasaja a los invitados con comida, bebida y entretenimiento de lo más extravagante.

Ceremonia de coronación - Londres, Reino Unido

Las coronaciones suelen llevarlas a cabo autoridades religiosas para que el gobierno del monarca sea aceptado por la población. Las ceremonias pueden incluir demostraciones de poder, como grandes procesiones militares. El monarca británico es a la vez jefe de la Iglesia de Inglaterra y de las Fuerzas Armadas británicas.

Ceremonias modernas

Las ceremonias antiguas, sobre todo las bodas y los rituales religiosos, perduran hoy en diferentes formas por todo el mundo. Una boda hindú tradicional puede durar tres días o más. Los novios visten ropas muy sofisticadas y se celebran muchos rituales religiosos y tradicionales.

Muchas de las costumbres nupciales en Europa son también muy antiguas. Las primeras ceremonias de boda adoptaban la forma de procesiones desde la casa de la novia a la del novio. Esto se refleja en la procesión nupcial por el pasillo de la iglesia en las celebraciones cristianas. Pero las alianzas, e incluso los pasteles, también son anteriores al cristianismo.

Algunas costumbres nupciales modernas tienen orígenes inquietantes. Se cree que la tradición del padrino tiene su origen en la época de los godos germánicos. Al parecer, estaban allí para impedir que la novia huyera o para evitar que la familia de ella suspendiera la boda.

Cuanto mayor sea la multitud de testigos de una ceremonia, mayor será su validación.

Objetos ceremoniales

A menudo, se utilizan objetos simbólicos en las ceremonias. A veces se acostumbra a intercambiar anillos en una boda para que sirvan de recordatorio de los votos o promesas. También se usan coronas, togas y cetros.

La costumbre de intercambiarse los anillos de las tradiciones occidentales es de origen muy antiguo, quizá se remonte a la época del antiguo Egipto, hace 4000 años.

En el antiguo Egipto, los numerosos rituales de coronación del faraón se extendían a lo largo de todo un año de festividades.

El arte de recordar

Antes de la escritura, toda la información debía recordarse y transmitirse «oralmente», utilizando solo el lenguaje hablado. Aquellas comunidades que vivían en una sociedad sin escritura se conocen como «culturas orales». Incluso sin escritura, tenían formas de transmitir la información de generación en generación.

Mitos

La palabra «mito» procede del griego *mythos*, que significa «de la boca». A menudo, los relatos orales pueden tener rasgos mitológicos exagerados y contener detalles fantásticos. Los personajes que son mitad humanos/mitad caballo, o que tienen serpientes por pelo, son muy fáciles de recordar y, en las culturas orales, solo las historias más memorables sobreviven para volver a ser contadas.

El Mahabharata

Este antiguo poema indio tiene casi dos millones de palabras (50 veces la longitud de este libro) y se cree que es el más largo del mundo. Narra las aventuras heroicas de distintos dioses, además de contener enseñanzas morales. Su supervivencia durante miles de años gracias a la memoria y a la repetición demuestra lo apreciado que era el poema.

«Las palabras tienen un valor incalculable, pronúncialas solo si es necesario. Sopésalas cuidadosamente antes de pronunciarlas».

La gente de las sociedades antiguas solía recitar poesía, cantar canciones y contar una buena historia. Al fin y al cabo, no había muchas otras formas de entretenerse.

Memorización

La memoria humana es defectuosa, sobre todo a largo plazo, por lo que, para ayudar a memorizar algo con precisión, se idearon técnicas muy ingeniosas. La antigua India tenía algunas de las tradiciones orales más sofisticadas del mundo. Los cantos védicos utilizan «*pathas*» de ritmo y rima para garantizar la exactitud de las palabras de cada verso. Hoy en día, seguimos utilizando algunos recursos similares: para recordar los meses tenemos una rima: «Treinta días trae septiembre, con abril, junio y noviembre…».

Formas de recordar

La rima, el ritmo y la repetición nos ayudan a recordar las palabras. Quizá no te acuerdes de las palabras exactas de una o dos líneas de tu libro favorito, pero sí que podrías repetir muchos versos, palabra por palabra, de muchas canciones o poemas.

Los mitos que aún nos acompañan

Los mitos y las historias de las primeras civilizaciones siguen con nosotros hoy en día de muchas maneras. He aquí algunos mitos que han dejado huella en muchas culturas.

Mitos sumerios

Los sumerios de Mesopotamia (actual Irak) veneraban a los planetas como dioses. De hecho, los días de la semana proceden del Sol, la Luna y cinco planetas visibles. Venus era muy importante. La llamaban «Inanna», la diosa de la fertilidad, el amor y la belleza, pero también de la guerra. Se la asociaba con la estrella de ocho puntas y la paloma. Ella, y otras, han tenido eco a través de los tiempos. Los babilonios y los persas la veneraban como «Ishtar», los fenicios como «Astarté», los hindúes como «Durga», los griegos como «Afrodita», los romanos como «Venus» y los nórdicos como «Freya».

Mitos griegos

Los mitos griegos, como los de muchas culturas, presentan personajes memorables: el Cíclope de un solo ojo, el Minotauro, que era en parte humano y en parte toro, y las Gorgonas con serpientes en lugar de cabellera, que podían convertir a la gente en piedra con su mirada. Aquí aparece Afrodita con una paloma, también relacionada con las rosas rojas. Estos símbolos se utilizan hoy en día para la paz y el amor romántico.

Mitos nórdicos

En inglés, los días de la semana derivan de los dioses nórdicos representados a continuación. El martes, *Tuesday*, día de Tyr, procede del dios «Tyr»; el miércoles, *Wednesday*, día de Woden, viene de «Woden»; el jueves, *Thursday*, de «Thor», y el viernes, *Friday*, de «Freya». Los mitos nórdicos pervivieron gracias a la memoria hasta alrededor del año 1250 d. C. Solo entonces empezaron a escribirse.

La *Epopeya de Gilgamesh*

Este poema épico de Sumeria, Mesopotamia, es un mito muy extendido, pero se cree que está basado en un rey real que vivió hace unos 5000 años. Es muy anterior a la Biblia, pero ambos tienen muchas historias similares. Hay una gran inundación, una serpiente que tienta a los protagonistas y un héroe nacido de una madre virgen.

La Biblia del Antiguo Testamento

Abraham, un líder espiritual de la antigua ciudad de Ur, también en Mesopotamia, tuvo un papel importante en la Biblia del Antiguo Testamento. Su vida y sus enseñanzas acabaron transformándose en los relatos del libro del Génesis. Estos, junto con otros, se recopilaron y escribieron más tarde, lo que dio lugar a la creación de la Biblia del Antiguo Testamento.

3000 a. C.

Población mundial estimada: 14 millones

Los humanos viven en todo el mundo y han empezado a cultivar. Las poblaciones se concentran en cuatro regiones agrícolas: el Creciente Fértil; el río Nilo, en Egipto; el río Indo, y el norte de China.

Ciudades más grandes: 1. Uruk (40 000), 2. Nagar, 3. Eridu.

En todo el mundo hay grandes estructuras de piedra, a veces con grabados. Stonehenge es quizá la más famosa. Está orientada hacia la salida del sol en el solsticio de verano y hacia la puesta del sol en el solsticio de invierno.

EL DIBUJO

«El objetivo del arte no es representar la apariencia exterior
de las cosas, sino su significado interior».

Aristóteles

Las primeras marcas

Hacer marcas es el primer paso fundamental que nos llevó al dibujo. La idea de que una marca represente algo nos es tan corriente hoy en día que olvidamos lo singular que es. En cierto modo, todo lo que contiene este libro parte de esta idea.

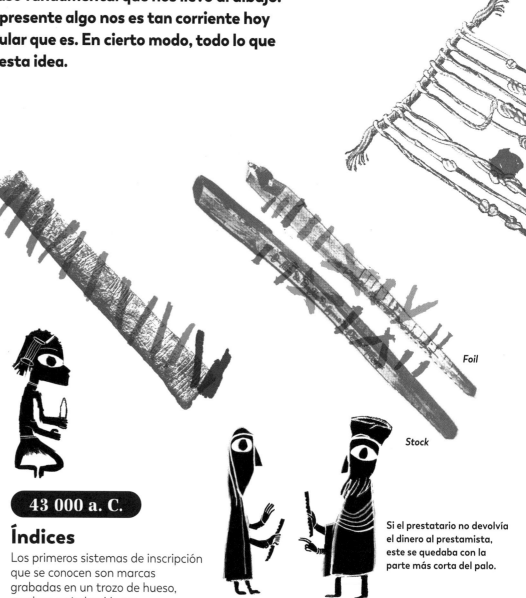

Foil

Stock

200 000 a. C.

Huellas de manos

Las primeras marcas intencionadas conocidas son huellas de manos y pies encontradas en una cueva de la actual China. No las hicieron los *Homo sapiens*, sino nuestros primeros antepasados. Estas marcas en concreto parecen ser obra de dos personas, una de unos siete años y otra de doce. Este tipo de marcas se hizo común en todo el mundo. Un análisis muestra que, de todas las pinturas rupestres, unas tres cuartas partes parecen haber sido hechas por mujeres.

43 000 a. C.

Índices

Los primeros sistemas de inscripción que se conocen son marcas grabadas en un trozo de hueso, madera o piedra. Un trazo representa el uno, dos trazos representan el dos, y así sucesivamente. Un hueso con marcas de la actual Sudáfrica, conocido como hueso de Lebombo, es un ejemplo primitivo de estos índices. Tiene unos 43 000 años de antigüedad, y los análisis revelan que muchas de sus 29 muescas fueron hechas por herramientas distintas, lo que indica que probablemente se talló a lo largo del tiempo. Hacia el 30 000, los índices se utilizaban en todo el mundo.

Si el prestatario no devolvía el dinero al prestamista, este se quedaba con la parte más corta del palo.

Palos de cómputo

El palo tallado de cómputo consistía en hacer marcas en un palo que luego se partía en dos. Estos palos eran populares en la Europa medieval y se utilizaban para indicar cuánto dinero, bienes e impuestos se debían. Una mitad se la quedaba el prestamista; se llamaba *stock* y es el origen de la palabra «bolsa» en inglés (*stock market*). La otra mitad, que se quedaba el prestatario, se llamaba *foil*. Cuando el prestatario volvía con la mercancía, se hacía el recuento (es decir, se comprobaba que coincidieran las dos mitades del palo).

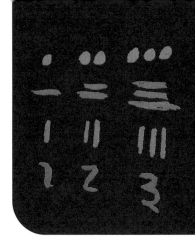

Sistemas numéricos

Los sistemas numéricos de todo el mundo surgieron originalmente de los índices. Aquí se muestran, de arriba abajo, los números mayas, los números chinos, los números latinos y los antiguos números indios brahmi. Los numerales occidentales modernos (1,2,3) y los numerales árabes (١,٢,٣) derivan de los numerales brahmi.

Índices utilizados en la actualidad

Números latinos

Aunque los números hindúes-árabes (0, 1, 2, 3) han desplazado a los números latinos como sistema numérico más común en el mundo, los latinos se siguen utilizando en algunas situaciones. Por ejemplo, se considera incorrecto escribir «reina Isabel 2» en lugar de «Isabel II».

3000 a. C.

Quipu

El sistema más avanzado de indexación fue el empleado por el Imperio inca. Utilizaban un sistema de nudos, o «quipu», para registrar las existencias y las ventas, la información del censo y los calendarios. Se dice que los incas son la civilización más avanzada que no inventó un sistema de escritura propio. Se las apañaron para codificar la información solo con nudos. Por desgracia, el conocimiento de cómo descifrar estos códigos se perdió tras las invasiones europeas, y ya no se pueden entender.

Cuentas de oración

Los rosarios y las cuentas de oración que se utilizan hoy en día en muchas religiones también tienen su origen en los dispositivos de memoria por índices.

Los primeros dibujos

Las pinturas y dibujos rupestres empezaron a aparecer hace unos 45 000 años, y hace unos 30 000 se encontraron en asentamientos humanos de todo el planeta.

45 000 a. C.

Arte rupestre

Las primeras imágenes dibujadas son de animales. No fue hasta más tarde cuando dibujamos a otros humanos. Por lo que sabemos, cerca del 75 % de las marcas son obra de mujeres y niños.

Indonesia
Este es el dibujo figurativo más antiguo que se conoce en el mundo: la representación de un jabalí en Sulawesi, actual Indonesia. Se cree que tiene al menos 45 000 años de antigüedad.

Australia
Australia posee una rica cultura visual. Su característico arte rupestre es uno de los más antiguos del mundo. En un yacimiento, Gabarnmung, hay una serie de cuevas subterráneas que estuvieron habitadas desde hacía 40 000 años. Las obras de arte datan de hace 28 000 años, y las cuevas se utilizaron de forma continuada hasta el siglo XX.

4000 a. C.

Marcas en la cerámica
Los jeroglíficos del antiguo Egipto parecen haber evolucionado a partir de las primeras marcas y dibujos hechos en la cerámica. Las marcas y sellos de cerámica también aparecieron en la cercana Sumeria y en la antigua India por la misma época.

La Serpiente Arcoíris es un dios creador en las culturas australianas. Sus imágenes se remontan a hace 8000 años. Esto la convertiría en el culto más antiguo conocido en el mundo.

Los aborígenes australianos podían recorrer vastas regiones desérticas recitando «líneas de canciones», cantos orales que servían de mapas de la tierra.

Los dibujos se convierten en concepto

Las imágenes son herramientas de comunicación muy útiles, pero tienen limitaciones. Por ejemplo, es posible representar «hombre» o «mujer», pero es muy difícil representar «hermano». Con el tiempo, empezaron a utilizarse imágenes para ideas más abstractas. Por ejemplo, los antiguos egipcios utilizaban la imagen de un pie para simbolizar «caminar», «ir» o «venir».

3200 a. C.

Jeroglíficos

Los jeroglíficos del antiguo Egipto, junto con los cuneiformes sumerios, son los sistemas de símbolos más antiguos del mundo. Los jeroglíficos datan de antes del 3200 a. C. Se creía que algunos de los signos jeroglíficos más importantes tenían cualidades sobrenaturales.

Uroboros

La serpiente comiéndose su cola era un símbolo de renacimiento e infinitud. Como muchos símbolos jeroglíficos, evolucionó adoptando distintas formas en civilizaciones posteriores. Este símbolo era común en las culturas griega y nórdica.

Cetro Was

El *Was* era el cetro del faraón. Simbolizaba el poder, no solo del faraón, sino de los dioses.

Ojo de Horus

Se creía que el ojo del dios Horus, que todo lo veía, tenía cualidades protectoras. Hoy en día ha evolucionado hacia símbolos similares para alejar el «mal de ojo».

Ankh

El símbolo *Ankh* significaba «vida» y, en concreto, «vida eterna». Se veneraba en muchas culturas del Antiguo Egipto. Se dice que la cruz cristiana se inspiró en parte en este signo 2000 años después.

A veces, se utilizaban combinaciones de dos o más signos para expresar ideas abstractas. Por ejemplo, una persona y una montaña juntas representaban «extranjero»; un ojo y el agua juntos significaban «llorar».

Iconos

Los iconos son de uso común hoy en día y funcionan del mismo modo que los jeroglíficos. Un ejemplo es la imagen de un vaso que suele imprimirse en embalajes para simbolizar «frágil». Los vasos se asocian a la fragilidad, por lo que la imagen se utiliza en cajas con contenidos delicados. Así, utilizamos imágenes en carteles, pantallas y señales de tráfico para comunicar mensajes. Los iconos religiosos y los sellos gubernamentales siguen siendo símbolos muy respetados.

El ojo turco y la cruz cristiana

El sello del gobierno del Reino Unido lleva una corona, y el de EE. UU., un águila. Ambos son antiguos símbolos de poder. A lo largo de este libro se pueden ver distintas variaciones de la cruz y de estos sellos gubernamentales en momentos decisivos.

La primera ciudad

La ciudad sumeria de Uruk, en lo que hoy es Irak, fue la primera ciudad del mundo. Hacia el año 3000 a. C. era el mayor asentamiento de la Tierra, con 40 000 habitantes. Para gestionar una población tan numerosa, se necesitaba un sistema de contabilidad. Pero para que haya un sistema contable, primero tiene que haber escritura.

Las primeras fichas

Alrededor del año 7000 a. C., los sumerios empezaron a utilizar pequeñas fichas de arcilla llamadas «cálculos» para llevar la contabilidad. Cada ficha, de forma distinta, representaba un tipo de ganado o mercancía. Una representaba una oveja, otra una cabra, otra una cantidad de grano, y así sucesivamente. Las tres fichas marcadas con un «+» (imagen superior) representan tres ovejas. No solo son precursoras de la escritura, sino también del dinero.

La primera escritura

Hacia el 4000 a. C., las fichas se sustituyeron por un sistema que consistía en dibujar las formas de las fichas directamente sobre tablillas de arcilla con un palo. Aquí se muestra el símbolo de la oveja. Al igual que la ficha, también tiene un signo «+», pero los tres puntos que tiene al lado significan tres ovejas. Este sistema fue evolucionando hasta convertirse en un sistema de escritura completo, llamado cuneiforme.

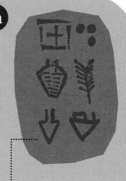

Los otros símbolos representados representan la cerveza, la cebada, el buey y una vasija.

Las primeras facturas

Esta imagen es una recreación de una factura de grano a un cervecero del año 3200 a. C. El texto dice: «29 086 medidas (de) cebada, 37 meses, Kushim». Kushim se menciona en varias tablillas. Se cree que era un contable y, también, la primera persona con nombre de la historia.

Muchas de las primeras innovaciones procedían de Sumeria, como el arado, la vela y la rueda.

Comercio

Antes de que existiera un sistema de comercio, cada uno tenía que hacerlo todo por sí mismo. Cada persona debía tener habilidades distintas. Un agricultor no solo tenía que cultivar, sino también fabricar sus propias herramientas y repararlas. El comercio permite a la gente especializarse en habilidades y conocimientos concretos.

En Sumeria, hubo una explosión de oficios especializados, como la cerámica, la metalurgia y la carpintería. Cada oficio se iba especializando, y se tardaba años en dominarlo. El comercio permite que crezca la suma de los conocimientos humanos, de modo que todo el mundo sale beneficiado.

Hoy en día

Muchas de las unidades que utilizamos hoy nos llegaron de los antiguos sumerios hace más de 5000 años.

Matemáticas

Los sumerios eran expertos matemáticos. Descubrieron cómo calcular el área de un triángulo y el volumen de un cubo. Utilizaban el número 60 en lugar del 10 como base para contar. La división de un círculo en 360 grados nos llegó de Sumeria.

360°   Área del triángulo   Volumen del cubo

Astronomía y astrología

Los sumerios hacían cartas estelares y anotaban los movimientos de los planetas. Hay cinco planetas visibles a simple vista, estos cinco planetas, más el Sol y la Luna suman siete. Para los sumerios, el siete era un número sagrado. Crearon la semana de siete días que utilizamos hoy en día a partir de los siete cuerpos celestes. En castellano, cinco nombres se deben a los planetas: lunes por la Luna, martes por Marte, miércoles por Mercurio, jueves por Júpiter y viernes por Venus. La práctica de la astrología también se remonta a Mesopotamia.

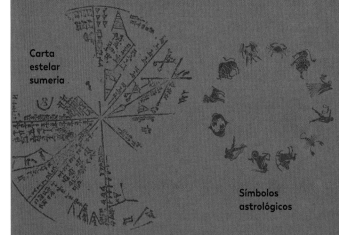

Carta estelar sumeria

Símbolos astrológicos

La invención del tiempo

Los sumerios también nos dieron muchas de las unidades de tiempo que tenemos hoy: un minuto (60 segundos), una hora (60 minutos), un día (12 horas, más 12 horas para la noche) y una semana (7 días).

El carácter de la cerveza puede verse a la izquierda y el de la cebada a la derecha. Los puntos son los números.

La primera literatura

Con el tiempo, la escritura se utilizó para otras cosas y no solo para llevar la contabilidad. Por primera vez se escribieron historias. Alrededor del año 2100, se registró por escrito la *Epopeya de Gilgamesh* (pág. 15), un relato oral. Se considera la obra literaria más antigua.

Los sumos sacerdotes sumerios

Los sumerios creían que los soberanos supremos de sus ciudades no eran reyes, sino dioses. En el centro de cada ciudad sumeria se construía una estructura piramidal llamada «zigurat». En la cima se construía un templo dedicado al dios de la urbe. En Uruk, se adoraba al dios del cielo An y a su hija Inanna (pág. 15).

Los sacerdotes recogían las ofrendas en nombre de los dioses, utilizando la escritura para apuntar los objetos recogidos para el templo y asegurarse de que todos pagaran. La palabra sumeria para sacerdote, *sangar*, es también la palabra para «contable». La escritura sumeria llegó a ser muy compleja y difícil de aprender y, para gran parte de la población, la lectura y la escritura debían de parecer una habilidad casi sobrenatural.

Los primeros sistemas de escritura

A medida que se desarrollaba la escritura, las imágenes se simplificaron para poder dibujarlas más rápidamente. En lugar de dibujos, se convirtieron en símbolos, cada uno con su significado. Este tipo de escritura se denomina «escritura ideográfica», y cada símbolo representa una idea.

Egipto

3200 a. C.

En Egipto se desarrolló un complejo sistema de escritura, conocido como jeroglífico. Tenía más de 900 símbolos. Más tarde se adaptó a una versión taquigráfica conocida como «hierático», que se utilizaba para escribir en papiro, un tipo de papel primitivo hecho de juncos.

Creta (Grecia)

1800 a. C.

Se han encontrado dos escrituras primitivas en objetos de Creta. El texto A, arriba, aún no se ha descifrado, pero el B, a la derecha, sí.

Sumeria

3500 a. C.

El primer sistema de escritura es originario de Sumeria. Esta escritura se conoce como cuneiforme, que significa «en forma de cuña» en latín.

Valle del Indo

2600 a. C.

En el Valle del Indo, en lo que hoy es el noroeste de la India y Pakistán, los sellos se utilizaban para indicar la propiedad, y evolucionaron hasta lo que parece ser un sistema de escritura completo. Sin embargo, los escritos están sin descifrar.

China

1200 a. C.

Cuenta la leyenda que la escritura en la antigua China la inventó el mismo emperador gracias a sus estudios de la naturaleza, en particular de las huellas de los animales.

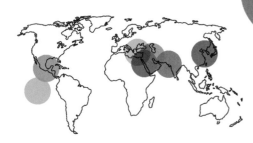

Dibujar sonidos

Una forma ingeniosa de representar visualmente las palabras difíciles es separarlas. Por ejemplo, la palabra inglesa «idea» puede representarse con el dibujo de un ojo y el dibujo de un ciervo (*eye-deer*). Esto se conoce como «principio de Rebus». Se utilizaba en muchos sistemas de escritura antiguos.

Ideogramas utilizados hoy en día

Utilizamos muchos ideogramas en nuestra vida cotidiana. Los logos, los iconos para reproducir y pausar, entre otros, las señales de tráfico, las notas musicales y los signos matemáticos son ejemplos de ideogramas.

La escritura simbólica es eficaz. Por ejemplo, «E=MC» es más fácil de trabajar y entender que «la energía es igual a la masa multiplicada por la velocidad de la luz al cuadrado». Por eso, en matemáticas se suelen utilizar símbolos.

Rapa Nui (Isla de Pascua)

Fecha desconocida

Aunque se cree que se trata de otra invención independiente de la escritura, el significado de la escritura encontrada en la Isla de Pascua se ha perdido y los expertos aún no la han descifrado.

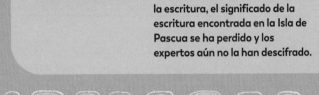

Mayas

300 a. C.

La escritura fue inventada de forma independiente en las Américas por los mayas de América Central. Los primeros escritos mayas conocidos se encontraron en un templo de Guatemala. La escritura llegó a utilizarse ampliamente en toda la región, y se crearon libros con esa forma de escritura a partir de papel de corteza.

Sin embargo, la escritura simbólica suele ser muy compleja. Las lenguas completas requieren miles de caracteres. El mandarín tiene unos 8000 caracteres de uso común.

En la antigua China, uno de los primeros usos de la escritura fue para hacer profecías. Se tallaban caracteres en huesos de animales, que luego se calentaban en el fuego hasta que se agrietaban. Si una grieta atravesaba uno de los símbolos, se interpretaba la adivinación. Muchos caracteres chinos comunes se remontan a estos orígenes.

En 1956, los caracteres chinos (*hanzi*) se simplificaron para que pudieran aprenderse más fácilmente. A la izquierda está el carácter chino tradicional para caballo, y a la derecha el carácter simplificado. Los caracteres tradicionales se utilizan en Hong Kong, mientras que el chino simplificado se utiliza en el continente.

| 1200 a. C. | 1100 a. C. | 400 a. C. | 200 a. C. | 200 d. C. |

Aquí aparece el carácter del caballo. Pronunciado «ma», es también uno de los doce signos del zodiaco chino. Como muchos caracteres, su forma ha cambiado al escribirse y reescribirse muchas veces a lo largo de los siglos.

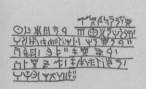

Los dibujos se convierten en sonidos

La mayoría de las lenguas escritas que se utilizan hoy en día son «fonográficas», que literalmente significa «dibujos sonoros». Leer fonogramas es como poder oír con los ojos.

El alfabeto

El alfabeto se remonta a los antiguos jeroglíficos egipcios. La palabra egipcia para «buey» se pronunciaba «alp», por lo que el símbolo de buey empezó a utilizarse para describir el sonido «A». La palabra para casa era «bet», por lo que se utilizó el símbolo de una casa para la «B». De ahí procede la palabra «alfabeto».

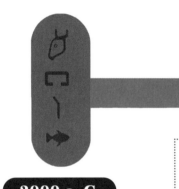

2000 a. C.

Jeroglíficos egipcios

1600 a. C.

Símbolos protocananeos

Estos símbolos jeroglíficos habrían sido adaptados por los pueblos semitas de Canaán y del desierto del Sinaí, antes de que los usaran los fenicios y se extendieran por todo el mundo.

1100 a. C.

Fenicio: El primer alfabeto

Los fenicios empezaron a utilizar el alfabeto alrededor del año 1100 a. C. Comerciaban por todo el Mediterráneo, difundiendo el alfabeto y la escritura a su paso. Su principal ciudad era Biblos, en el actual Líbano, de donde procede la palabra «Biblia».

Los fenicios

Los fenicios eran unos expertos constructores de barcos. Crearon las quillas redondeadas de madera que aún se utilizan hoy en día. También elaboraban todo tipo de bienes de lujo; el más famoso de todos, el tinte púrpura. Era tan valioso y excepcional que se convirtió en el color de la realeza en todo el mundo antiguo. La palabra «fenicio» significa en realidad «púrpura».

Signos no fonéticos

El símbolo «&» evolucionó desde el alfabeto hasta convertirse en un ideograma. Comenzó como las letras «Et», que en latín significa «y». Los escribas empezaron a unir las dos letras a partir del siglo I de nuestra era. En español se pronuncia «y»; en otras lenguas es «and», «und», «et», «e» y «och».

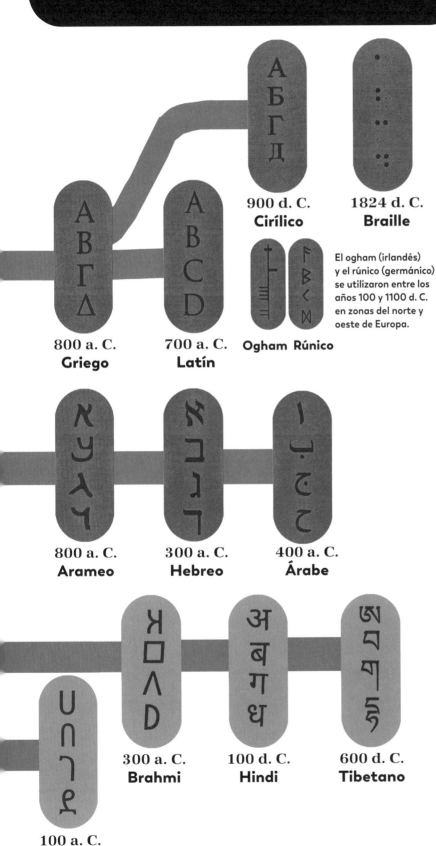

900 d. C.
Cirílico

1824 d. C.
Braille

El ogham (irlandés) y el rúnico (germánico) se utilizaron entre los años 100 y 1100 d. C. en zonas del norte y oeste de Europa.

800 a. C.
Griego

700 a. C.
Latín

Ogham Rúnico

800 a. C.
Arameo

300 a. C.
Hebreo

400 a. C.
Árabe

300 a. C.
Brahmi

100 d. C.
Hindi

600 d. C.
Tibetano

100 a. C.
Etíope

La fonografía en la actualidad

Casi todas las escrituras que se utilizan hoy en día se remontan a los antiguos jeroglíficos egipcios, con la excepción del chino, el japonés y el coreano. Las escrituras fónicas pueden clasificarse en tres grupos: alfabetos, abjads y abugidas.

Alfabetos

Los alfabetos (mostrados a la izquierda en naranja) son los más utilizados. Representan todos los sonidos de la lengua, consonantes y vocales.

Abjads

Los abjads (mostrados en rosa) solo representan consonantes, no vocales. La palabra Islam, por ejemplo, se escribe «slm». El árabe, el siríaco y el hebreo se siguen utilizando en la actualidad. Se escriben de derecha a izquierda.

Abugidas

Las abugidas (mostradas en azul) deletrean sílabas en lugar de sonidos individuales. La escritura ge'ez evolucionó en África y se utiliza para escribir etíope y eritreo. El brahmi evolucionó en el norte de la India y se dividió en decenas de escrituras a medida que se extendía por el sur de la India y el este de Asia. A continuación, se muestran ejemplos de: norte de la India: bengalí y punjabi; sur de la India: kanneda y mayalam, y sudeste asiático: birmano y tailandés.

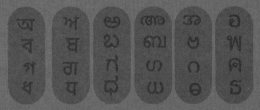

Coreano

El alfabeto coreano hangul no tiene relación con los demás alfabetos. Se inventó en 1443 para sustituir a los caracteres chinos que se utilizaban entonces en Corea. Se tarda muchos años en aprender los caracteres chinos, pero el hangul se considera el más eficaz y fonético de todos los alfabetos, y sus formas reflejan las de una boca. En lugar de años, puede «aprenderse en una mañana», según su inventor, el rey Sejong.

1000 a. C.

Población mundial estimada: 50 millones

Se extienden las zonas densamente pobladas. Nacen los primeros imperios.

Ciudades más grandes: 1. Tebas (120 000), 2. Babilonia, 3. Menfis

Utilizando sencillas herramientas de bronce, escuadras y plomadas, los egipcios de esta época fueron capaces de crear las precisas líneas y ángulos rectos de su arquitectura monumental.

LA ESCRITURA

«En el principio era el Verbo, el Verbo estaba con Dios
y el Verbo era Dios».

Juan 1:1. La Biblia, versión Reina-Valera, 1995

La escritura primitiva

Hace unos 6000 años, se observaron cambios en las sociedades antiguas. Empezaban a estar dominadas por los hombres. Se cree que esto se debe al auge de los estados guerreros militares. Más tarde, los estados empezaron a adoptar la escritura como herramienta para gobernar.

Leyes

Antes de la escritura, los gobernantes regían solo con mandamientos verbales. Tras la invención de la escritura, muchos de estos mandatos se escribieron como leyes. Esto significaba que los gobernantes podían gobernar desde la distancia, lo que hizo posible que los estados se extendieran. Los castigos penales solían ser iguales al delito (ojo por ojo, diente por diente). Sin embargo, los delitos cometidos contra el estado o la religión del estado se castigaban con dureza. Incluso el mero hecho de hablar mal del Estado, en muchos casos, puede significar una condena a muerte. Los sistemas jurídicos de gran parte del mundo antiguo se basaban en principios similares.

«Ojo por ojo,
diente por diente».

Hammurabi

Esta famosa frase tiene su origen en el Código de Hammurabi. Es uno de los primeros conjuntos de leyes escritas que se conocen. Muchos de sus principios se incorporaron a otros códigos de leyes posteriores, como las Leyes hebreas (la Torá) y la Biblia.

Algunos de los primeros escritos eran declaraciones de grandeza y victorias.

«Soy importante, soy magnífico. Con su sangre teñí de rojo la montaña».

**Asurnasirpal II,
rey de Asiria**

«Soy Asurbanipal,
rey del mundo,
rey de Asiria».

**Asurbanipal,
rey de Asiria**

Los primeros códigos legales eran muy misóginos. En el Código de Hammurabi se hablaba de las mujeres como si fueran posesiones.

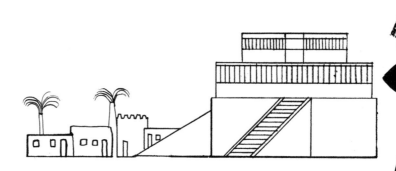

Asurbanipal fue uno de los primeros reyes de la historia que sabía leer y escribir. Creó la primera biblioteca del mundo en su palacio. Además de presumir de su grandeza, también alardeaba de su erudición.

1755-1750 a. C.
Código de Hammurabi,
Babilonia

883-859 a. C.
Asurnasirpal II,
Asiria

Una mujer tuareg escribiendo en escritura tifinag. El tifinag data del 600 a. C.

¿Cómo llegó la sociedad a estar dominada por los hombres?

La historiadora Gerda Lerner, entre otros, creen que en las sociedades más antiguas, las mujeres y los hombres se consideraban iguales, pero que estas culturas quedaron desplazadas por el surgimiento de estados guerreros dominados por los hombres. En Europa y Asia se cree que esto ocurrió hace unos 6000 años, en la llamada «hipótesis de los kurganes». Desde entonces, en casi todas las sociedades se disuadió a las mujeres de leer y escribir. En muchas sociedades se las castigaba si intentaban siquiera aprender. Esto significa que las contribuciones de las mujeres se han borrado casi por completo de la historia. Por desgracia, a causa de esto, gran parte del resto de este libro muestra principalmente a hombres. Hay excepciones, claro. El pueblo tuareg del Sahara es una de ellas. En la cultura tuareg, eran principalmente las mujeres las que leían y escribían. La mujer es la cabeza del hogar tuareg, pero hombres y mujeres se consideran iguales. Al igual que muchas otras sociedades de todo el mundo, su cultura parece haber escapado de las garras de estos estados guerreros opresivos.

Lógica

El dibujo y la escritura cambiaron nuestra forma de pensar. La geometría, por ejemplo, sería casi imposible sin el dibujo. También la escritura nos permite categorizar las cosas de formas que, de otro modo, nos serían muy difíciles si solo pudiéramos usar la cabeza. Los conceptos de «deducción» y «prueba» surgieron de los primeros sistemas jurídicos, porque era necesario demostrar la culpabilidad. A partir de ahí, Aristóteles desarrolló un sistema de razonamiento llamado «lógica». Mediante deducciones, se demuestra que una premisa es verdadera o falsa.

551-479 a. C.
Confucio
Antigua China

Verdadero / Falso
En matemáticas, el teorema de Pitágoras ya era conocido por sumerios y babilonios. Pero fueron los antiguos griegos quienes pudieron demostrarlo de verdad.

¿Es bueno escribir?

Los filósofos Confucio y Sócrates vivieron en la época en que se empezó a generalizar el uso de la escritura, pero tenían opiniones diferentes sobre ella. Confucio es uno de los pensadores más influyentes de todos los tiempos. Recopiló escritos y habló de la importancia de preservar el conocimiento para las generaciones futuras. Vivió en una época de terribles guerras en la antigua China, y argumentaba que si las leyes acordadas se escribieran y todo el mundo las siguiera, se podría poner fin a la guerra.

Sin embargo, en la antigua Grecia, Sócrates sostenía que los textos no pueden contener el conocimiento verdadero porque no se pueden cuestionar. Le preocupaba que la memoria y el arte de cuestionar se perdieran si se confiaba en la escritura. Sus alumnos, Platón y luego Aristóteles, acabaron por aceptar los escritos y el conocimiento que pueden albergar. Aristóteles incluso fundó una biblioteca hacia el final de su vida.

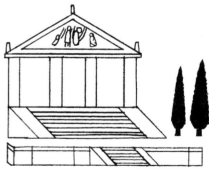

Más tarde, los antiguos griegos empezaron a construir grandes bibliotecas. Es posible que la biblioteca de Alejandría reuniera hasta 400 000 pergaminos.

470-399 a. C.
Sócrates
Antigua Grecia

250 a. C.
Biblioteca de Alejandría
Antigua Grecia

Los textos sagrados

Se empezaron a recopilar colecciones de escritos en conjuntos de conocimientos: relatos de la creación, historias, filosofías, guías para vivir bien. Estos se convirtieron en nuestros textos sagrados, y así nacieron las grandes religiones del mundo.

Escritura sagrada

Para la gente que nunca había visto la escritura, el acto de leer podía parecer una habilidad sobrenatural. A las personas que sabían leer y escribir se las miraba con asombro, y a veces incluso se las temía. Uno de los usos más comunes de la escritura primitiva era la redacción de testamentos. Cuando estos se leían en voz alta, los analfabetos volvían a oír mágicamente las palabras y los pensamientos de su pariente muerto. En cierto modo, la escritura podía trascender la muerte, lo que puede ser otra de las razones por las que los textos llegaron a ser tan venerados.

Libro de los muertos

1550 a. C.

El *Libro de los muertos*, o como se llamaba entonces *Libro de la salida al día*, era una colección de textos del antiguo Egipto, que incluía hechizos destinados a ayudar a un difunto en su viaje por el inframundo. A menudo se escribía en el interior de los ataúdes.

Jeroglíficos

Jeroglíficos significa «tallas sagradas» en griego. Los faraones, los sacerdotes y las personas con autoridad utilizaban los jeroglíficos principalmente con fines sagrados. La palabra «jerarquía», que significa «regla sagrada», tiene una raíz similar.

En el *Libro de los muertos*, el corazón del difunto se pesa en una balanza contra una pluma para comprobar si es «justo de voz». Si el alma pesa más que una pluma, la diosa cocodrilo Ammit devorará el alma. Thot, el dios de la escritura, la sabiduría y el juicio, observa.

«Vivo una y otra vez después de la muerte, como Ra día tras día».

La invención del libro

El formato del libro que conocemos hoy se desarrolló en Roma hacia el año 100 de nuestra era. Los libros eran mucho más fáciles de consultar y hojear que los pergaminos. También eran más económicos, ya que el texto podía escribirse por ambas caras. Los primeros cristianos adoptaron el libro para diferenciarse cuando se separaron del judaísmo. La difusión del formato libro se asocia al auge del cristianismo. Hacia el año 500 d. C., los libros habían sustituido casi por completo a los pergaminos.

Danza cósmica

La diosa Kali danza sobre el cuerpo de Shiva. Shiva representa la conciencia, y Kali representa el tiempo, la aniquiladora definitiva de todas las cosas. En el hinduismo la realidad cósmica está representada por la danza del tiempo (Kali) sobre la inmutable conciencia omnipresente (Shiva).

Biblia hebrea

1000-100 a. C.

El judaísmo es la primera de las tres religiones abrahámicas, que también incluyen el cristianismo y el islam. La Biblia hebrea es una colección de textos de profetas como Abraham y Moisés. También incluye la Torá, que significa «La Ley». Tradicionalmente, estos textos se escribían, y se siguen escribiendo, en un gran pergamino.

«Ama a tu prójimo como a ti mismo».

Biblia cristiana

100 d. C.

El texto cristiano, la Biblia, consta de dos partes, el Antiguo y el Nuevo Testamento. El Antiguo Testamento contiene las enseñanzas hebreas. El Nuevo Testamento se basa en las enseñanzas de un nuevo profeta, Jesús, a quien los cristianos creen el Mesías. Se escribió en el siglo I.

«Amad a vuestros enemigos y rezad por los que os persiguen».

Rig Veda

1500 a. C.

La India cuenta con algunos de los escritos religiosos más antiguos del mundo, pero, a diferencia de otras grandes religiones, el hinduismo no concede gran importancia a los textos. Las raíces del hinduismo son muy anteriores a la invención de la escritura, por lo que las tradiciones orales tenían preferencia. Incluso hoy en día, es tradición recurrir a gurús espirituales en lugar de confiar en los textos sagrados.

«La verdad es una, los sabios la llaman con muchos nombres».

El *sutra*

500 a. C.

El budismo fue la primera religión del mundo que se difundió a través de la escritura. Comenzó en Nepal y la India, y como era popular entre las clases alfabetizadas, sobre todo los mercaderes, se extendió por las rutas comerciales y pronto se popularizó en las zonas donde había mucho comercio y alfabetización, principalmente en Asia Oriental.

«Todo lo que somos es el resultado de lo que hemos pensado».

El Corán

610 d. C.

El islam se considera la tercera fe abrahámica porque los musulmanes creen en la Profecía de Abraham, Moisés y Jesús. Se cree que el profeta Mahoma fue el último profeta de Dios, a quien se reveló el sagrado Corán, a partir del año 610 d. C. En el año 622 d. C., Mahoma emigró a Medina, lo que marcó el inicio del calendario islámico.

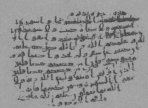

«Y no mezclen la verdad con falsedades ni oculten la verdad a sabiendas».

La antigua China

Durante gran parte de la historia, la antigua China fue el mayor imperio del mundo. Incluso cuando el Imperio romano estaba en su apogeo, el Imperio chino de la época era mayor. El gobierno chino adoptó pronto la escritura y la empleó para gobernar.

Textos clásicos de la antigua China

Desde hace milenios, en Asia Oriental hay una rica cultura de caligrafía y pintura con pincel de tinta. Los grandes calígrafos de China son nombres conocidos, de una forma parecida a los artistas renacentistas de Europa.

El *I Ching*

1000-750 a. C.

Texto de adivinación (pág. 57).

Las *Analectas*

475-221 a. C.

El famoso texto de Confucio fue recopilado por sus seguidores.

Registros del Gran Historiador

110-90 a. C.

Una obra gigantesca escrita originalmente en tablillas de bambú. Abarca 2500 años de historia y tardó más de 18 años en escribirse.

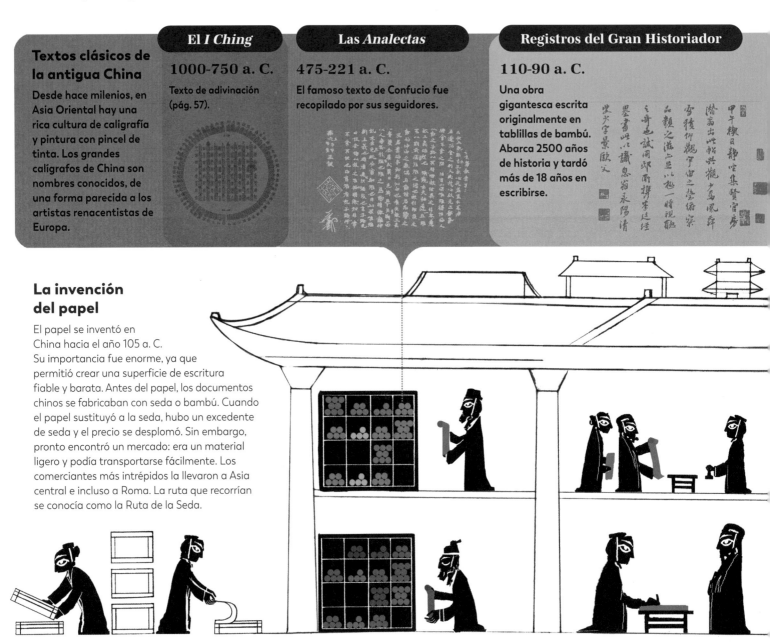

La invención del papel

El papel se inventó en China hacia el año 105 a. C. Su importancia fue enorme, ya que permitió crear una superficie de escritura fiable y barata. Antes del papel, los documentos chinos se fabricaban con seda o bambú. Cuando el papel sustituyó a la seda, hubo un excedente de seda y el precio se desplomó. Sin embargo, pronto encontró un mercado: era un material ligero y podía transportarse fácilmente. Los comerciantes más intrépidos la llevaron a Asia central e incluso a Roma. La ruta que recorrían se conocía como la Ruta de la Seda.

La madera o la fibra se despulpa y se coloca sobre una pantalla.

Las pantallas se secan al sol.

El papel seco se despega de las pantallas.

Las primeras bibliotecas

Las primeras bibliotecas empezaron a aparecer en China hacia 1600 a. C. Hacia el 220 d. C., la Biblioteca Imperial era tan grande que contaba con diez artesanos papeleros encargados de suministrar papel suficiente a la biblioteca. En ella se recopilaba la literatura, la historia, la poesía y la filosofía de China. Aunque China era quizá la sociedad más alfabetizada del mundo en aquella época, se calcula que solo uno de cada cinco hombres sabía leer.

Burocracia gubernamental

Los antiguos funcionarios chinos dictaban órdenes para que los escribas las copiaran o escribieran. Para mantener en funcionamiento aquel inmenso gobierno, hacían falta miles de empleados instruidos. Los funcionarios del gobierno utilizaban su propio sello de firma, que se registraba y utilizaba en todos los documentos. Esta práctica continúa hoy en día.

Autentificación

Cuando algo se dice en voz alta, sabemos quién lo ha dicho. Pero ¿cómo puede alguien estar seguro de que un texto ha sido escrito por la persona que figura en él? Por eso se creó un sistema de firmas, sellos y sellos de cera para intentar garantizar la autenticidad de los autores. Con detalles intrincados e improntas casi idénticas, los sellos son mucho más difíciles de falsificar que una firma.

Mapa estelar de Dunhuang

700 d. C.
El atlas estelar más antiguo del mundo.

Los funcionarios sellaban los mensajes y las órdenes diplomáticas para demostrar su autenticidad, y los enviaban por todo el imperio y más allá.

El Sello del Reino

El emperador tenía un sello llamado «el Sello del Reino», que se utilizaba para demostrar que toda comunicación era real. Cualquier orden que llevara este sello era una orden directa del propio emperador. Con el tiempo, en lugar de que el sello fuera una prueba del emperador, se convirtió en lo contrario. Si un aspirante al imperio entraba en el palacio y se hacía con el control del gobierno y el sello, significaba que el gobierno había sido derrocado y un nuevo líder se había convertido legítimamente en emperador. Se decía que aquel que fuera capaz de apoderarse del sello había recibido el «Mandato del Cielo». En muchos sentidos, el sello no era la prueba del poder, sino el poder mismo.

Exámenes gubernamentales

Alrededor del año 607 d. C., se puso en marcha un examen a escala estatal para cubrir puestos de trabajo en el gobierno. Los empleos estaban bien pagados y abiertos a todos los ciudadanos varones que supieran leer. Los padres querían que sus hijos leyeran, así que empezaron a aparecer escuelas, lo que provocó un aumento de los índices de alfabetización. Estos exámenes continúan en la actualidad.

Retransmisión de mensajes

El estado chino disponía de un sistema de mensajería que llevaba las órdenes del emperador por todo el país. Se cree que la red contaba con más de 50 000 caballos. Asombrado, el explorador italiano Marco Polo escribió sobre este sistema en el siglo XIII, y lo calificó de una de las «maravillas de Oriente».

El Imperio islámico

El islam surgió como una nueva religión en el siglo VII, cuando el sagrado Corán fue revelado al profeta Mahoma. Se extendió rápidamente por la península Arábiga y, en solo 100 años, el Imperio islámico había superado a China y se había convertido en el mayor imperio que el mundo hubiera visto hasta entonces. Su capital, Bagdad, se erigió en la ciudad más grande del mundo.

El Corán

610 d. C.

La religión del islam anima a sus seguidores a estudiar minuciosamente cada palabra y cada letra del Corán. La imaginería religiosa se consideraba una forma de adoración de ídolos, por lo que el texto en sí se convirtió en el centro de atención. Los calígrafos crearon unos tipos de letra y unos diseños de página extraordinarios. Al hacer hincapié en la lectura y el aprendizaje, la cultura islámica se alfabetizó en profundidad.

Ciencia

Los seguidores del islam, los musulmanes, creen que pueden encontrar a Dios estudiando el mundo que creó. Se fomentó el estudio y se hicieron numerosos avances científicos. Se inventaron algoritmos, los químicos identificaron y dieron nombre a varios compuestos y los astrónomos rastrearon las estrellas como nunca. La mayoría de los nombres de las estrellas del cielo nocturno que utilizamos hoy en día proceden de astrónomos musulmanes.

Los primeros hospitales públicos

El primer hospital público, gratuito para los ciudadanos, se fundó en Bagdad en el 805 d. C. Pronto se extendieron por todo el imperio. En el siglo X, Bagdad albergaba cinco hospitales.

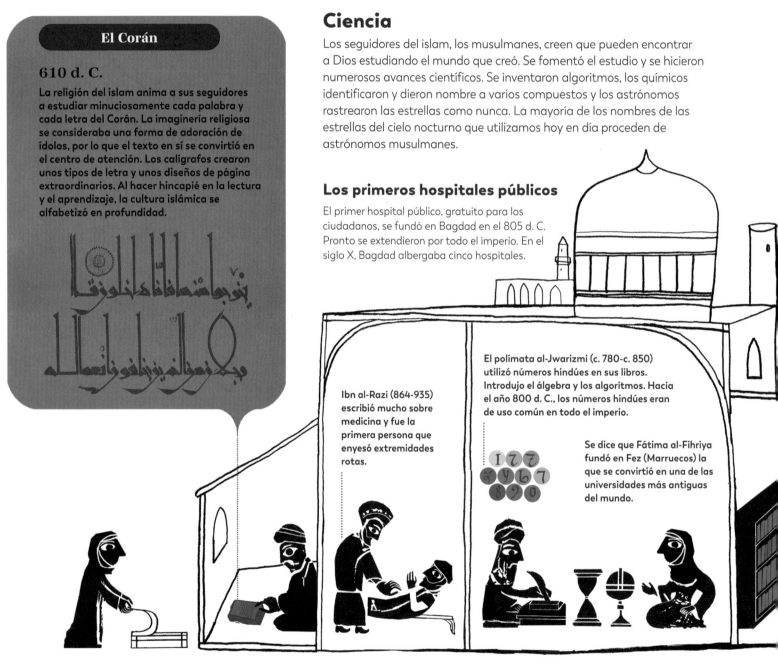

Ibn al-Razi (864-935) escribió mucho sobre medicina y fue la primera persona que enyesó extremidades rotas.

El polímata al-Jwarizmi (c. 780-c. 850) utilizó números hindúes en sus libros. Introdujo el álgebra y los algoritmos. Hacia el año 800 d. C., los números hindúes eran de uso común en todo el imperio.

Se dice que Fátima al-Fihriya fundó en Fez (Marruecos) la que se convirtió en una de las universidades más antiguas del mundo.

La llegada del papel

La fabricación de papel llegó al Imperio islámico procedente de China hacia el año 751 d. C. A partir de entonces, los libros podían fabricarse más baratos, y en todas las ciudades musulmanas surgieron comerciantes de libros.

Las primeras universidades

Los califas, dirigentes del Imperio islámico, crearon instituciones de enseñanza abiertas a toda la población hacia el 850 d. C. Eran similares a lo que hoy llamamos universidades. Las más famosas fueron la «Bayt al-Hikma» (Casa de la sabiduría) y el «Dar al-'Ilm» (Salón de la ciencia).

La geometría islámica

Mientras en Europa el pensamiento griego caía en el olvido, el mundo islámico lo adoptó y lo amplió. Se admiraban especialmente las matemáticas y la geometría, que se veían como un camino hacia lo divino. Los diseños islámicos se basan en principios matemáticos.

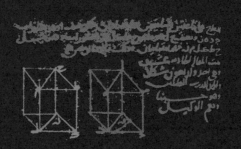

El *Libro de la Óptica*

1011 d. C.

A Ibn al-Haytham se le considera el Padre de la Ciencia. Su Libro de la Óptica (pág. 52-53), que describe la perspectiva y el funcionamiento de la «qumra» (o, en latín, «camera obscura»), tuvo una influencia enorme. Este dibujo es el primero que representa un nervio.

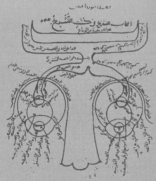

El canon de la Medicina

1025 d. C.

El libro de Ibn Sina, tal vez el libro de medicina más influyente de la historia, se centraba en el uso de la deducción (pág. 57) para diagnosticar enfermedades. Se utilizó ampliamente en muchos idiomas de todo el mundo durante los 500 años siguientes.

El mapa de al-Idrisi

1154 d. C.

Fue el mapamundi más preciso de la época. Al-Idrisi también escribió libros sobre geografía y construyó globos terráqueos.

El conocimiento del mundo

El «Movimiento de Traducción» fue un proyecto muy bien financiado para recopilar todo el conocimiento. Los extranjeros que pasaban por territorios islámicos estaban obligados por ley a declarar todos los libros que llevaran consigo. Si el libro era desconocido para la biblioteca, se copiaba y se devolvía el original. Se traducían libros de muchas lenguas, pero muchos procedían del griego y el sánscrito. La conservación de casi todos los textos griegos que han sobrevivido hasta nuestros días se debe a los eruditos islámicos.

Ibn al-Haytham (965-1040) con una *qumra*. Fue la primera persona que hizo experimentos científicos metódicos.

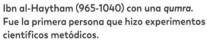

Las primeras bibliotecas públicas

En el siglo X aparecieron las primeras verdaderas bibliotecas públicas del mundo. A los usuarios se les permitía copiar libros. Algunos eruditos pobres se ganaban la vida frecuentando las grandes bibliotecas y haciendo copias de sus libros más importantes.

Termina la Edad de Oro

A finales del siglo XII, con la corrupción interna y los ataques de los mongoles en el este y los cristianos en el oeste, el Imperio islámico empezó a decaer.

La Europa Medieval

La Europa cristiana de la Edad Media era en gran medida pobre y rural. Las dos ciudades más grandes de Europa en esta época, Constantinopla (actual Estambul) y Córdoba, recibían una fuerte influencia del islam y de culturas de fuera de Europa. La cultura de la escritura estaba dominada por la Iglesia, y los niveles de alfabetización eran muy bajos.

400 d. C.
Manuscrito de Virgilio

700 d. C.
Evangelios de Lindisfarne

800 d. C.
El *Libro de Kells*

La mayor parte de lo que se escribía en Europa eran Biblias y libros de oraciones para la iglesia. El *Libro de Kells* es uno de los más conocidos. A la derecha está la genealogía de Jesús escrita por Lucas, que ocupa cinco páginas. A su derecha está la imagen más antigua conocida de la Virgen María en un manuscrito occidental.

La evolución de la escritura

Los primeros textos en latín se escribían en mayúsculas, sin espacio entre las palabras. Con el tiempo, distintas escrituras, las minúsculas, evolucionaron hacia formas más fluidas. En Gran Bretaña e Irlanda, la «A» evolucionó hacia «a», mientras que en Europa continental se convirtió en «a». En el siglo VII, los escribas irlandeses que dominaban menos el latín empezaron a añadir espacios entre las palabras para facilitar la lectura. En el siglo XI, ya se hacía en toda Europa. Esto se hace patente en los textos anteriores de los siglos IV y VII.

Vitela

A medida que el cristianismo se extendía por el norte de Europa, el papiro, material con el que se hacían las Biblias en Roma, no pudo cultivarse. En su lugar se utilizó piel de ternero llamada «vitela». Para hacer un libro se necesitaban al menos 20 pieles de becerro, por lo que los libros eran muy caros. Se calcula que un libro de la época costaría más de 120 000 euros en dinero de hoy.

Acceso a los libros

Los libros eran tan valiosos que se mantenían ocultos en monasterios e iglesias. La mayoría de la gente de fuera de la iglesia nunca veía nada escrito. Además de su elevado coste, casi toda la escritura en Europa estaba en latín. Esto hacía que fuera el doble de difícil aprender a leer, porque primero todo el mundo tenía que entender el latín.

Clérigos

Durante esta época, los índices de alfabetización eran muy bajos. Los sacerdotes eran los únicos que sabían leer. Recibían la educación de la Iglesia católica. A los graduados de las escuelas eclesiásticas se les llamaba «clerici», que es el origen de nuestras palabras «clero» y «clérigo».

Santos

La mayoría de la gente era analfabeta, pero se podían utilizar imágenes para comunicarse. Las imágenes más reproducidas en esta época eran iconos de figuras religiosas o santos. Los santos eran figuras que la Iglesia consideraba virtuosas. Sus obras, a menudo excepcionales, se utilizaban para enseñar la doctrina religiosa a la población. A veces se trataba de actos desinteresados, pero algunos fomentaban los objetivos de la Iglesia, como la conversión o la legitimación del desplazamiento o el sometimiento de los no creyentes. Las distintas figuras han ejercido una gran influencia de diversas maneras en la cultura occidental. San Pedro llevó el cristianismo a Roma y se convirtió en el primer Papa. San Jerónimo tradujo la Biblia al latín. San Benito fundó el monacato. San Nicolás, conocido por hacer regalos, se conoce hoy como Santa Claus. San Jorge, a la izquierda, conocido por su valentía, fue reimaginado como un caballero en la época medieval y se hizo famoso como santo militar. Hoy es el patrón más común y santo nacional no solo de Inglaterra, sino también de Cataluña, Etiopía, Georgia y Ucrania, entre otros muchos países y entidades.

1400 d. C.

El libro de horas

El libro de horas se convirtió en el libro más popular hacia 1400. Contenía textos religiosos y oraciones para cada hora del día. También enumeraba los días festivos y los días de los santos importantes.

Se necesitaban libros de texto para las universidades, por lo que había demanda de escribanos que copiaran libros para las bibliotecas universitarias. Estos fueron los primeros escribas no religiosos.

Las primeras universidades occidentales

En el siglo XI surgieron nuevos tipos de escuelas independientes. La primera fue la de Bolonia, fundada en 1088 d. C. Oxford llegó poco después, en 1096. A diferencia de las escuelas religiosas, alumnado y profesorado podían decidir lo que se iba a estudiar. Estaban abiertas universalmente a todos, no solo a los sacerdotes, y por eso se llamaron «universidades».

Números arábigos

Hacia el 1100 d. C., un nuevo sistema de números (0, 1, 2, 3...) llegó a Europa cuando empezaron a traducirse textos matemáticos árabes. Se habían originado en la India, pero los europeos los conocieron como números «arábigos». Junto con otras innovaciones matemáticas procedentes de Oriente, revolucionaron las matemáticas europeas.

El papel llega a Europa

La ciudad islámica de Córdoba, en la actual España, fue tomada en 1236 y sus fábricas de papel empezaron a ser utilizadas por los cristianos. La producción de papel pronto se extendió. Por fin, más de 1000 años después de su invención, el papel había llegado a la Europa cristiana. La «edad oscura» llegaba a su fin. En solo unos siglos, Europa se transformaría en la región más poderosa de la Tierra.

Las Américas

La escritura, el papel y los libros se inventaron de forma independiente en las Américas. La primitiva civilización olmeca desarrolló por primera vez la escritura jeroglífica hacia el año 900 a. C. Los mayas y los aztecas cultivaron la escritura y crearon manuscritos escritos en papel. Por desgracia, casi toda esta escritura se ha perdido.

Los mayas

La escritura maya fue el sistema de escritura más desarrollado de las Américas. Lo que sabemos de sus conocimientos escritos apunta a un dominio de la astronomía y los calendarios. Los mayas eran astrónomos de lo más extraordinario. Una de las medidas más importantes en astronomía es la duración exacta de un año. El cálculo maya tiene una precisión de trece segundos, una aproximación mucho más exacta que la de cualquier otra civilización. De hecho, es incluso más exacto que el sistema de calendario gregoriano que utilizamos hoy en día. La ciencia occidental ha tardado hasta el siglo XX en superar la precisión que alcanzaron los mayas.

Matemáticas

Las sofisticadas matemáticas de los mayas incluían el concepto de cero, que inventaron de forma independiente. Lo representaban con una concha (abajo). También crearon sistemas que les permitían hacer cálculos complejos, como la multiplicación, la división y las raíces cuadradas.

El rey Sol

En las culturas mesoamericanas se adoraba al Sol como un dios muy poderoso. Los reyes mesoamericanos afirmaban ser descendientes de dioses. Algunos historiadores sostienen que los gobernantes mesoamericanos podrían haber usado sus nociones sobre los eclipses para demostrar su poder. Con el conocimiento de los eclipses futuros, los gobernantes habrían podido hacer creer que podían ordenar al sol que se oscureciera a voluntad.

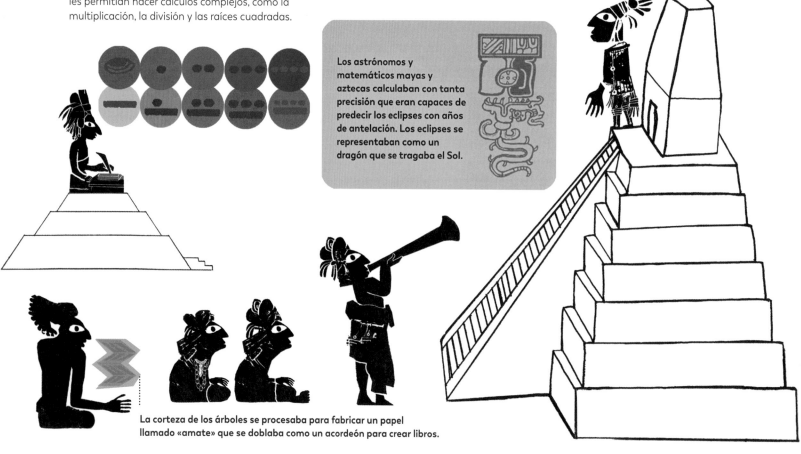

Los astrónomos y matemáticos mayas y aztecas calculaban con tanta precisión que eran capaces de predecir los eclipses con años de antelación. Los eclipses se representaban como un dragón que se tragaba el Sol.

La corteza de los árboles se procesaba para fabricar un papel llamado «amate» que se doblaba como un acordeón para crear libros.

Un legado perdido

Los mayas y los aztecas escribieron miles de libros sobre todo tipo de temas. Sus historias se remontaban a muchos siglos atrás, y es posible que hubieran documentado muchos otros descubrimientos e historias. Por desgracia, casi todos se han perdido. Los invasores europeos se dedicaron a buscar y quemar casi todos los libros. De miles de libros mayas, hoy solo quedan cuatro. El total de libros aztecas es solo ligeramente superior. Muchos consideran esta destrucción como el peor acto de profanación cultural de la historia.

Los cuatro libros mayas que quedan llevan el nombre de los lugares donde se guardaron después de recuperarlos.

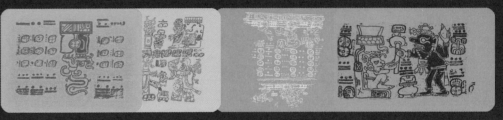

Páginas del Códice de Dresde (fíjate en el símbolo del eclipse), el Códice de Madrid, el Códice de París y el Códice Grolier.

Los aztecas

Los aztecas construyeron grandes ciudades y eran astrónomos expertos. La ciudad de Tenochtitlán (actual Ciudad de México) fue una de las mayores ciudades del mundo, con una población estimada de 200 000-400 000 habitantes.

Se dice que la ciudad se fundó en 1325 d. C. coincidiendo con un eclipse total.

Los europeos que llegaron a Tenochtitlán nunca habrían visto una ciudad de semejante tamaño.

La conquista europea

A finales del siglo XV, pequeños grupos de europeos empezaron a llegar a las Américas. Estos invasores disponían de una tecnología militar superior: cañones, pistolas, caballos y espadas de acero. Esto, sumado a las enfermedades que llevaron consigo, significó que en las décadas siguientes las grandes civilizaciones de las Américas acabarían arrasadas.

Oro y plata

Los europeos exigían a la población autóctona que les trajeran oro y plata. Si no cumplían dichas exigencias, los mataban brutalmente a ellos o a sus familias. En los primeros 50 años tras su llegada, los europeos se llevaron 100 toneladas de oro de las Américas a Europa. En aquella época, los tesoros acumulados de Europa ascendían a unas 80 toneladas. La riqueza de Europa se había más que duplicado en solo unas décadas, lo que cambió el equilibrio de poder en el mundo.

Cristóbal Colón

Cristóbal Colón fue un explorador europeo al que se atribuyó «falsamente» el descubrimiento de las Américas. Era un geógrafo aficionado y poseía muchos libros: *Geografía* de Ptolomeo, *Imago Mundi* y *Los viajes de Marco Polo*, entre otros. Estos libros recogían algunos de los conocimientos más actualizados sobre geografía del mundo. ¿Cómo pudo un humilde comerciante autodidacta de Europa tener acceso a la información más actualizada del mundo? Ese es el tema del próximo capítulo.

1000 d. C.

Población mundial estimada: 300 millones

En este momento, el Imperio islámico es el mayor del mundo: se extiende desde España hasta las fronteras de China. El Imperio chino, al este, también es muy grande y tecnológicamente avanzado.

Ciudades más grandes: 1. Córdoba (450 000), 2. Kaifeng, 3. Constantinopla

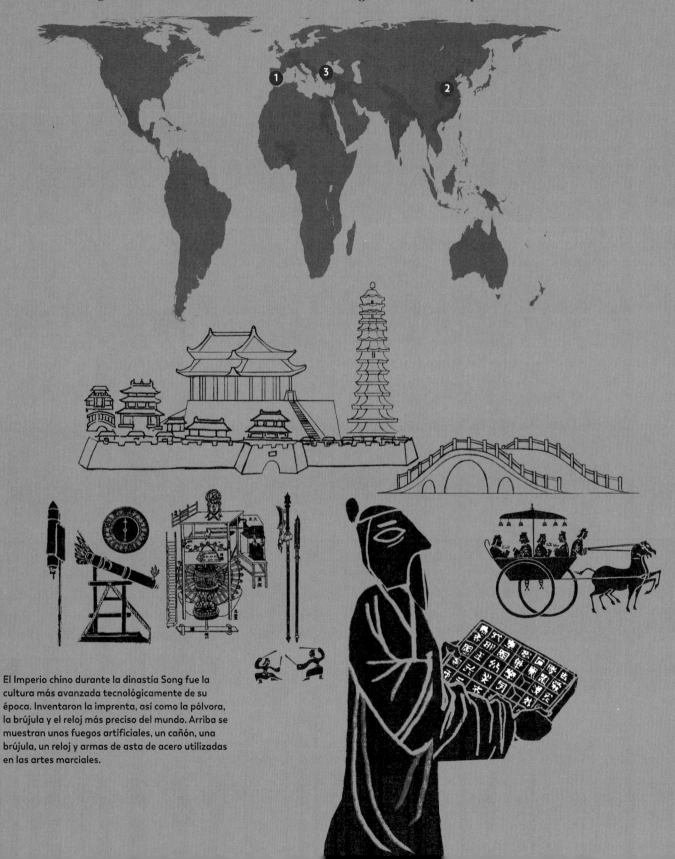

El Imperio chino durante la dinastía Song fue la cultura más avanzada tecnológicamente de su época. Inventaron la imprenta, así como la pólvora, la brújula y el reloj más preciso del mundo. Arriba se muestran unos fuegos artificiales, un cañón, una brújula, un reloj y armas de asta de acero utilizadas en las artes marciales.

LA IMPRENTA

«Lo que la pólvora hizo por la guerra,
la imprenta lo ha hecho por la mente»

Wendell Phillips

La invención de la imprenta

La aparición de la imprenta revolucionó la forma de elaborar libros, los hizo más asequibles y accesibles a un público más amplio. Así, podían producirse en grandes cantidades, lo que permitió que el conocimiento y las ideas se difundieran con más rapidez que nunca.

La imprenta

La xilografía se inventó en la antigua China hacia el año 590 d. C. Las imágenes o el texto se tallaban en un bloque de madera, que se cubría de tinta y se prensaba sobre papel. Esta impresión con bloques requería mucho tiempo porque había que tallar a mano el texto de cada página. Más tarde, hacia 1040 d. C., se desarrolló en Corea y China un sistema más eficaz, la impresión de tipos móviles. Con los tipos móviles, no hacía falta tallar el texto cada vez. Se almacenaban los caracteres pretallados reutilizables y se colocaban en su lugar para cada impresión.

Primer libro impreso

El primer libro impreso completo del mundo, *El sutra del diamante*, es un texto budista impreso en China en 868 d. C. El diamante del título hace referencia a las enseñanzas de Buda. Se dice que traspasa las ilusiones para llegar a la «realidad suprema». De hecho, *El diamante que traspasa la ilusión* es el título completo.

El *Jikji*, libro de enseñanzas budistas zen, fue el primer libro del mundo que se produjo con tipos móviles de metal. Se imprimió en Corea en 1377 d. C.

Primeros periódicos

El primer periódico se imprimió hacia el año 960 d. C. en Hangzhou (China). Se llamaba *ChaoBao*, que se traduce como «periódico de la corte». Contenía anuncios del gobierno y avisos oficiales. Más tarde, aparecieron periódicos ilegales, conocidos como *XiaoBao*. El gobierno intentó prohibirlos, pero eran demasiado populares.

Materiales impresos

La antigua China utilizaba papel moneda impreso, llamado «dinero volante», desde el siglo VII, pero a partir del siglo XI se generalizó su uso. Fue una de las «maravillas» que Marco Polo describió en su cuaderno de viaje. También por esta época, empezaron a llegar a Europa naipes chinos procedentes de la Ruta de la Seda. Los europeos empezaron a imprimir sus propios naipes hacia 1400. La imprenta de Gutenberg pudo haberse inspirado en estos naipes.

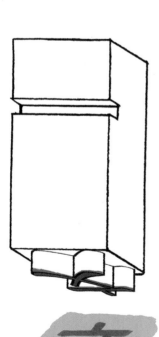

868 d. C.

El sutra del diamante

960 d. C.

Periódicos Chaobao y Xiaobao

1100 d. C.

1400 d. C.

Papel moneda, naipes chinos y una jota de diamantes.

Los números de las cartas, los palos y la realeza se copiaron de los naipes chinos. Entre la población analfabeta europea, los naipes tenían más utilidad que la escritura.

El ascenso de Occidente

El desarrollo tecnológico de Occidente superó al de Oriente en esta época. Los historiadores no se ponen de acuerdo sobre las causas. Está claro que la colonización europea y la esclavitud son en gran medida responsables, pero algunos estudiosos también sostienen que la simplicidad del alfabeto occidental ayudó a la imprenta a difundir la alfabetización, lo que permitió que los conocimientos tecnológicos se extendieran más fácilmente por Europa.

La imprenta en Asia Oriental

La escritura de Asia Oriental tiene tantos caracteres que, a menudo, era más fácil tallar un bloque de madera completamente nuevo que encontrar los caracteres adecuados. Los impresores chinos necesitaban más de 8000 caracteres distintos. A pesar de la temprana invención de los tipos móviles, la mayoría de los libros siguieron imprimiéndose por xilografía en China, Corea y Japón hasta el 1800.

La imprenta en Europa

En 1440, en Maguncia (Alemania), Johannes Gutenberg creó la primera imprenta de tipos móviles de Europa. En comparación con los miles de caracteres de China, el alfabeto latino solo tiene 26 letras. Esto hizo de la imprenta de tipos móviles un sistema mucho más eficaz en Europa. Se extendió por todo el continente en 50 años y transformó la sociedad por completo. Sin embargo, para saber bien cómo se utilizó la imprenta en Europa, debemos comprender cómo se organizaba la sociedad medieval a finales del siglo XV.

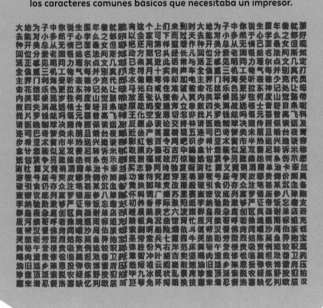

Una muestra de 1000 caracteres chinos. Esto es solo 1/8 de los caracteres comunes básicos que necesitaba un impresor.

La disposición estándar de las letras. Al igual que hoy en día, los tipógrafos podían componer el texto sin mirar y colocar 1500 letras por hora, aunque pusieran el texto al revés.

Toda la escritura latina.

Se necesitaban unas sofisticadas cabinas de madera para desplegar los cientos de cajas de caracteres. Encontrar el carácter adecuado hacía que la impresión en Asia Oriental fuera lenta e ineficaz.

El texto latino, por el contrario, se disponía en solo dos cajas: la alta (donde iban las mayúsculas) y la baja (donde estaban las minúsculas).

Una vez creada una página de texto, se podía hacer un molde y reutilizar los caracteres. Este proceso se conoce como estereotipia.

Finales del siglo XV en Europa

En esta época, Europa estaba dominada por la Iglesia católica. Era el centro de todo el saber y la alfabetización en Europa. El papa era su poderoso líder.

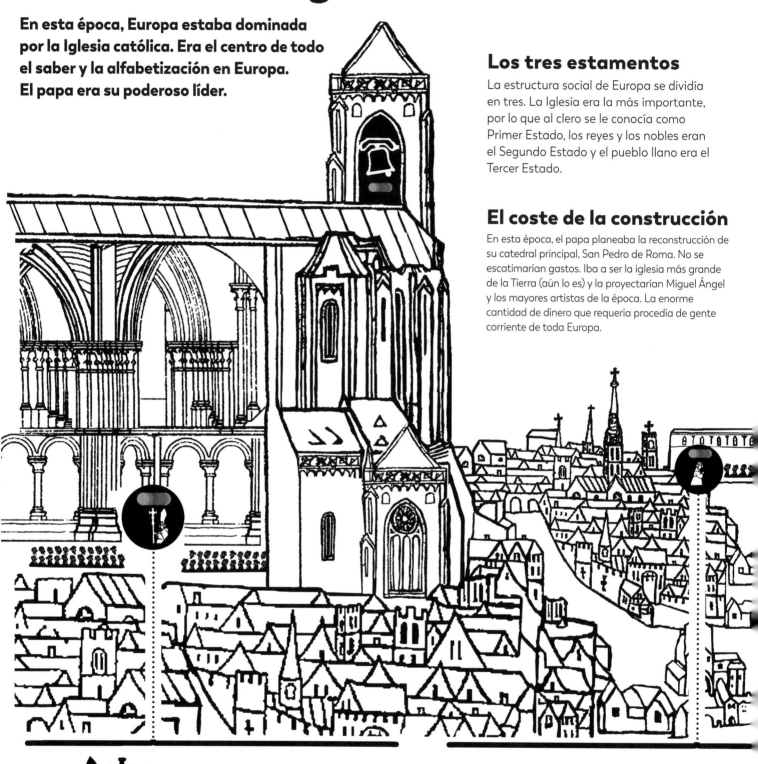

Los tres estamentos

La estructura social de Europa se dividía en tres. La Iglesia era la más importante, por lo que al clero se le conocía como Primer Estado, los reyes y los nobles eran el Segundo Estado y el pueblo llano era el Tercer Estado.

El coste de la construcción

En esta época, el papa planeaba la reconstrucción de su catedral principal, San Pedro de Roma. No se escatimarían gastos. Iba a ser la iglesia más grande de la Tierra (aún lo es) y la proyectarían Miguel Ángel y los mayores artistas de la época. La enorme cantidad de dinero que requería procedía de gente corriente de toda Europa.

El papa

El papa tenía autoridad sobre toda Europa occidental. Los reyes y reinas de todo el continente competían entre sí enviando regalos al papa para ganarse su favor.

Los sacerdotes

Había iglesias en todas las ciudades y pueblos. El sacerdote era a menudo la persona más culta de la zona. Sabía leer, escribir y hablar latín. Esto les granjeaba la admiración de los aldeanos.

El control del papa sobre Europa

El papa ostentaba la máxima autoridad religiosa sobre Roma y Europa occidental. Su autoridad política le fue concedida por el emperador romano Constantino en el siglo IV, en un documento conocido como *La Donación de Constantino*. Sin embargo, el documento era en realidad una falsificación. Esto no era tan inusual: había tantas falsificaciones en esta época en Europa que se dice que había más documentos falsos que auténticos. Ahora bien, la magnitud de este fraude fue notable. Se dice que fue la falsificación más importante y valiosa de la historia. El fraude salió a la luz en 1440, lo que socavó aún más a la Iglesia.

Se decía que el papa Silvestre había curado milagrosamente al emperador Constantino de la lepra y librado a Roma de un temido dragón, por lo que, a cambio, Constantino le recompensó con la donación.

Financiación de la Iglesia

En el seno de la Iglesia abundaba la corrupción. La Iglesia poseía piezas sagradas que, según afirmaban, podían curar enfermedades y ofrecer la salvación, y cobraba a los peregrinos una tasa por verlas o tocarlas. También estaba muy extendida la práctica de la «simonía», la compraventa de cargos dentro de la Iglesia.

«Escuchad las voces de vuestros queridos parientes y amigos muertos, que os suplican y dicen: "Tened piedad de nosotros, tened piedad de nosotros. Nos hallamos en un tormento espantoso del que podéis redimirnos por una miseria"».

Johann Tetzel, vendedor de indulgencias

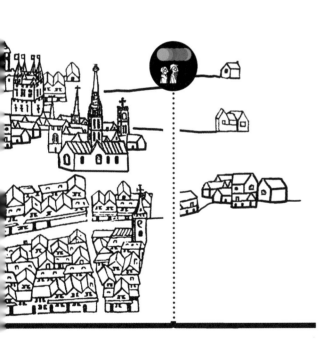

La gente corriente

Fuera de la Iglesia, casi nadie en Europa sabía leer. Había muy pocos libros y, como la vida rural era muy sencilla, la lectura no aportaba muchos conocimientos prácticos.

Indulgencias

Gran parte de los ingresos de la Iglesia procedían de la venta de «indulgencias». Se trataba de documentos que, según la Iglesia, podían liberar almas para ir al cielo. La llegada de la imprenta hizo que la venta de indulgencias fuera como imprimir dinero, e hizo muy rica a la Iglesia. Sin embargo, algunos sacerdotes empezaron a indignarse por la corrupción. Gutenberg imprimió esta indulgencia hacia 1454. Es uno de los primeros ejemplos de impresión en Europa.

La Reforma

Mucha gente estaba descontenta con la corrupción de la Iglesia. En 1517, Martín Lutero, monje y sacerdote alemán, expuso una lista de quejas en una carta al papa que desató una tormenta política en toda Europa.

Las 95 tesis

Lutero no estaba de acuerdo con muchas de las prácticas de la Iglesia católica, en particular con la venta de indulgencias. Escribió una carta que se conoció como «las 95 tesis». Se dice que Lutero clavó las 95 tesis en la puerta de una iglesia. No hay pruebas reales de ello, pero lo que sí sabemos es que envió una copia de su carta al papa en Roma, y otras copias manuscritas a sus amigos. Se sabe que un impresor amigo de Lutero tradujo la carta del latín al alemán y la imprimió. El papa no respondió a Lutero, pero se enviaron copias de la carta impresa a otros monjes y sacerdotes. Muchos estuvieron de acuerdo con los argumentos de Lutero, y la carta se reimprimió una y otra vez. Pronto la cosa se descontroló: se había vuelto viral.

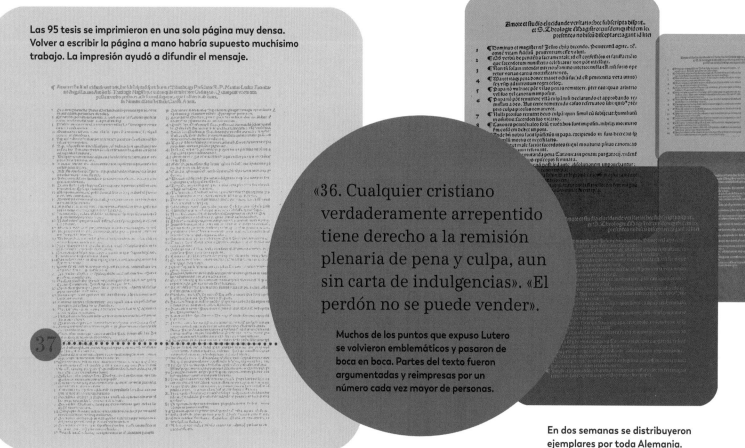

Las 95 tesis se imprimieron en una sola página muy densa. Volver a escribir la página a mano habría supuesto muchísimo trabajo. La impresión ayudó a difundir el mensaje.

«36. Cualquier cristiano verdaderamente arrepentido tiene derecho a la remisión plenaria de pena y culpa, aun sin carta de indulgencias». «El perdón no se puede vender».

Muchos de los puntos que expuso Lutero se volvieron emblemáticos y pasaron de boca en boca. Partes del texto fueron argumentadas y reimpresas por un número cada vez mayor de personas.

En dos semanas se distribuyeron ejemplares por toda Alemania. En dos meses, el documento se había extendido por toda Europa.

¿El primer famoso?

Cuando las autoridades respondieron a las 95 tesis, Lutero respondió con ardor: «Vuestras palabras están tan necia e ignorantemente formuladas que no puedo creer que las entendáis». Se hizo famoso por sus afilados insultos a los poderosos. La prensa no daba abasto para publicar sus escritos, demandadísimos. A menudo se imprimía su retrato junto a sus palabras, lo que le convirtió en uno de los primeros rostros internacionalmente reconocibles. Los debates públicos atraían a enormes multitudes, y estudiantes de toda Europa acudían a escuchar sus discursos.

«Vuestro hogar, antaño el más sagrado de todos, se ha convertido en la más impúdica cueva de ladrones... el reino del pecado, de la muerte y del infierno. Es tan ruin que ni al mismo anticristo, si viniera, se le ocurriría nada que añadir a su impiedad».

Martín Lutero

Una amarga contienda dialéctica

La Iglesia contraatacó con sus propias cartas contra Lutero. Se libró una furiosa guerra de palabras con panfletos por toda Europa. Sin embargo, las voces disidentes se habían hecho demasiado fuertes. Cuando Lutero fue expulsado de la Iglesia católica, acabó fundando su propia iglesia en 1526. Esto se conoce como la Reforma, y transformó Europa de raíz.

Imprentas

En aquella época, se podían encontrar imprentas en más de 200 de las principales ciudades europeas. El panfleto se convirtió en la vía principal de difusión de las ideas y creencias de los reformistas. A diferencia de la Iglesia, se escribían panfletos en las lenguas que hablaba la gente, lo que era sumamente eficaz.

El auge de la alfabetización en Europa

Tras la Reforma, surgió una nueva rama del cristianismo: el protestantismo. Se construyeron nuevas iglesias y se animó a la gente a leer la Biblia en su propia lengua. Los índices de alfabetización aumentaron, sobre todo en el norte de Europa, y por primera vez en Europa, la gente corriente aprendía a leer.

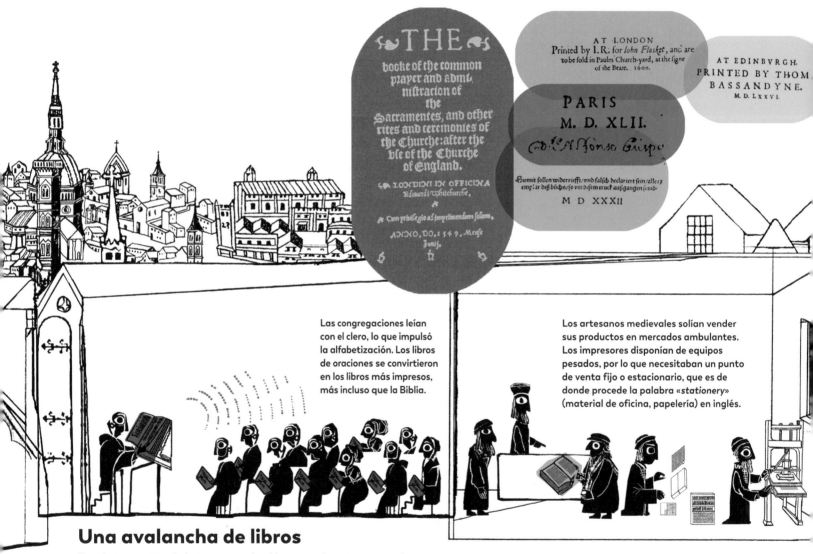

Las congregaciones leían con el clero, lo que impulsó la alfabetización. Los libros de oraciones se convirtieron en los libros más impresos, más incluso que la Biblia.

Los artesanos medievales solían vender sus productos en mercados ambulantes. Los impresores disponían de equipos pesados, por lo que necesitaban un punto de venta fijo o estacionario, que es de donde procede la palabra «stationery» (material de oficina, papelería) en inglés.

Una avalancha de libros

Tras la invención de la imprenta, los libros se abarataron mucho. Se calcula que se volvieron 400 veces más baratos. Se cree que había unos 30 000 libros en Europa antes de Gutenberg, que aumentaron a unos 8 millones en 40 años. Al principio, casi todos los libros impresos eran para la Iglesia. Sin embargo, los impresores pronto empezaron a buscar contenidos en otros lugares; se recuperaron textos griegos clásicos y se tradujeron libros de Oriente.

La industria editorial

Se necesitaban fabricantes cualificados para editar libros de calidad. Tenían que colaborar con escritores, intelectuales y traductores extranjeros. Y necesitaban financiación de empresarios. Nunca había habido alianzas de este tipo en ningún lugar del mundo. Por toda Europa se crearon redes de intelectuales.

Nuevas habilidades

Los libros que enseñaban técnicas y oficios adquirieron una gran importancia. Europa experimentó un aumento de los conocimientos técnicos y la construcción naval se convirtió en la mejor del mundo. Los comerciantes y artesanos podían aprender las mejores y más novedosas prácticas a través de los libros, en lugar de recurrir a que les enseñaran de primera mano. En muchas áreas del saber se produjo una explosión de actividad. Pronto, los centros más instruidos del norte de Europa, como Ámsterdam, París y Londres, sustituyeron a los antiguos centros económicos de Roma y la Europa mediterránea.

Joseph Moxon publicó una popular colección de libros titulada *Ejercicios de mecánica*, que presentaba «La doctrina de los trabajos manuales aplicada a las artes de la herrería, la ebanistería, la carpintería, el torneado y la albañilería».

Más pequeños y baratos

Los libros escritos a mano solían ser grandes y pesados, a menudo llegaban a medir un metro. Pero con la imprenta, los libros se podían hacer más pequeños y baratos, por lo que más gente se los podía permitir.

bread
breade
bredde
brede

Entre 1475 y 1630, las palabras podían escribirse de todas las maneras posibles, y todas eran correctas. Sin embargo, con el auge de la imprenta, la ortografía inglesa se estandarizó de forma gradual.

Los inicios del capitalismo

La mayoría de los productos, como muebles, herramientas y textiles, se comerciaban a escala local. El transporte era deficiente, por lo que no tenía sentido comerciar con mercancías a larga distancia cuando había fabricación local. Un libro, sin embargo, es único. Si un título concreto era popular, se demandaba en todas partes. Los libros conectaban a los comerciantes de las ciudades de todo el mundo occidental. La extensión de las rutas comerciales hacía necesaria una red financiera para enviar los pagos. Muchos historiadores sostienen que fue el comercio de libros lo que allanó el camino para el ascenso del capitalismo.

La feria del libro de Fráncfort

En la feria de Fráncfort se vendían, entre otras cosas, textos manuscritos del siglo XII. La imprenta de Gutenberg estaba en la cercana Maguncia. En 1462, la feria se hizo famosa como feria del libro. Creció de tal modo que se convirtió en una feria internacional. Hoy sigue siendo la mayor feria del libro del mundo.

El primer producto fabricado en serie

La industria editorial se convirtió en una de las primeras industrias de fabricación en serie. Con su éxito financiero, otras industrias siguieron su ejemplo, lo que contribuyó a la industrialización.

El Renacimiento

En 1453, el Imperio otomano conquistó y reclamó la ciudad de Constantinopla (actual Estambul). Muchos eruditos europeos abandonaron la ciudad con manuscritos antiguos. Esto, sumado al apetito por nuevos libros tras el surgimiento de la imprenta, dio lugar a un enorme auge del conocimiento en Europa conocido como el «Renacimiento».

Una explosión de cultura

El renovado interés por la cultura clásica griega y romana también provocó un gran cambio en el arte, la literatura, la ciencia y la filosofia. Artistas como Leonardo da Vinci y Miguel Ángel crearon sus obras maestras, y los avances científicos de Copérnico y Galileo desafiaron las creencias tradicionales y ampliaron nuestra comprensión del mundo. En general, el Renacimiento marcó un periodo de renovación cultural y exploración intelectual que sentó las bases de la civilización occidental moderna.

La *Geografía* de Ptolomeo

Este influyente texto también llegó a Europa tras la caída de Constantinopla. Influyó mucho en el desarrollo de la cartografía europea y en la exploración de las Américas. Los europeos, inspirados por estos textos, empezaron a buscar nuevas rutas marítimas hacia Asia y más allá.

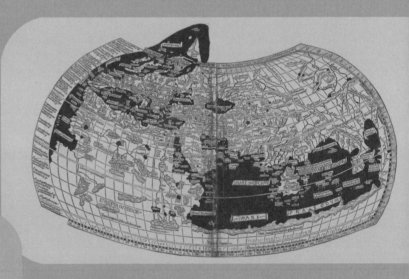

Las obras de Platón y Aristóteles

Muchos escritos filosóficos griegos se perdieron en Europa durante la Edad Media. Llegaron a Europa tras la caída de Constantinopla. Las obras de Platón y Aristóteles, en particular, influyeron enormemente en el desarrollo de la filosofía en Occidente y allanaron el camino a la democracia en los siglos venideros.

Leonardo Da Vinci (1452–1519)

El uso de la perspectiva en el dibujo por parte de los artistas de esta época se inspiró en el *Libro de la Óptica* de Ibn al-Haytham.

El auge de la literatura

Durante todo este tiempo, la poesía fue la forma de arte preferida por los escritores. La dramaturgia también era una forma de arte muy apreciada, pero escribir literatura en Europa se consideraba vulgar y comercial. William Shakespeare alcanzó la fama con un poema popular, *Venus y Adonis*, que se reimprimió durante toda su vida y le dio un mayor reconocimiento. Tras su muerte, se recopilaron y publicaron sus obras de teatro, lo que contribuyó a preservar y difundir su trabajo. A principios del siglo XVIII, la percepción de la literatura empezó a cambiar en Europa. La censura gubernamental del teatro y un público cada vez más instruido ayudaron a encaminar a los escritores hacia los libros, y a finales del siglo XVIII la escritura de ficción empezó a considerarse algo respetable.

William Shakespeare
(1564-1616)

Imago Mundi

Otro libro emblemático sobre geografía, *Imago Mundi*, inspiró a Cristóbal Colón para cruzar el Atlántico. El propio Colón tenía un ejemplar y escribió 800 notas en los márgenes. Colón malinterpretó los cálculos árabes que mostraban correctamente el tamaño de la Tierra. No se dio cuenta de que la milla árabe era mucho mayor que la milla romana. Tuvo suerte. Si el continente de América del Norte no hubiera existido entre los océanos Atlántico y Pacífico, él y su tripulación habrían muerto en el mar casi con toda seguridad.

Los *Elementos* de Euclides

Escrito originalmente en griego antiguo en Alejandría, Egipto, este texto matemático se perdió en Europa y se salvó gracias a los eruditos islámicos. Con diagramas ilustrados, las versiones impresas adquirieron una enorme influencia y reavivaron el pensamiento matemático en toda Europa.

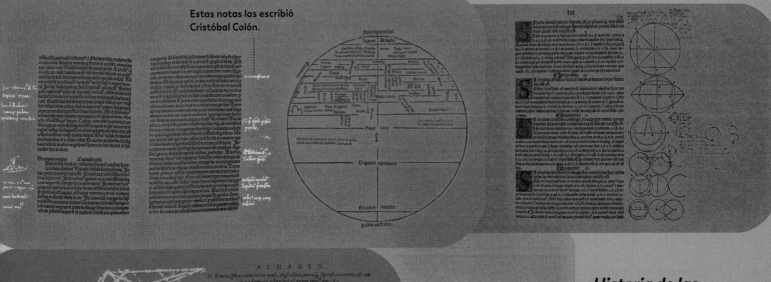

Estas notas las escribió Cristóbal Colón.

Leonardo da Vinci copió los diagramas de al-Haytham en sus cuadernos de bocetos.

El *Libro de la Óptica* de Ibn al-Haytham

Este texto ejerció una enorme influencia en Occidente. Describía la cámara, la perspectiva y el comportamiento de la luz. Contribuyó directamente a la invención del telescopio, el microscopio y el uso de la perspectiva en el arte europeo.

Historia de las yervas y plantas de Leonhart Fuchs

En este libro sin precedentes se identificaron y dibujaron con precisión 500 especies de plantas. Entre ellas había especies nuevas de las Américas, como la piña, que causó furor cuando se introdujo, así como chiles (izquierda), maíz, patatas y tabaco. El mercado de nuevos libros dio lugar a una inusitada sed de conocimientos por descubrir, y a toda una nueva disciplina: la ciencia.

1600 d. C.

Población mundial estimada: 565 millones

Venecia (Italia) era una de las mayores ciudades de Europa, pero quedaba empequeñecida ante las grandes capitales de Oriente. La capital de la dinastía Ming, la del Imperio otomano y la del Imperio mogol eran las grandes ciudades del mundo.

Ciudad más grande: 1. Pekín (706 000), 2. Constantinopla, 3. Agra

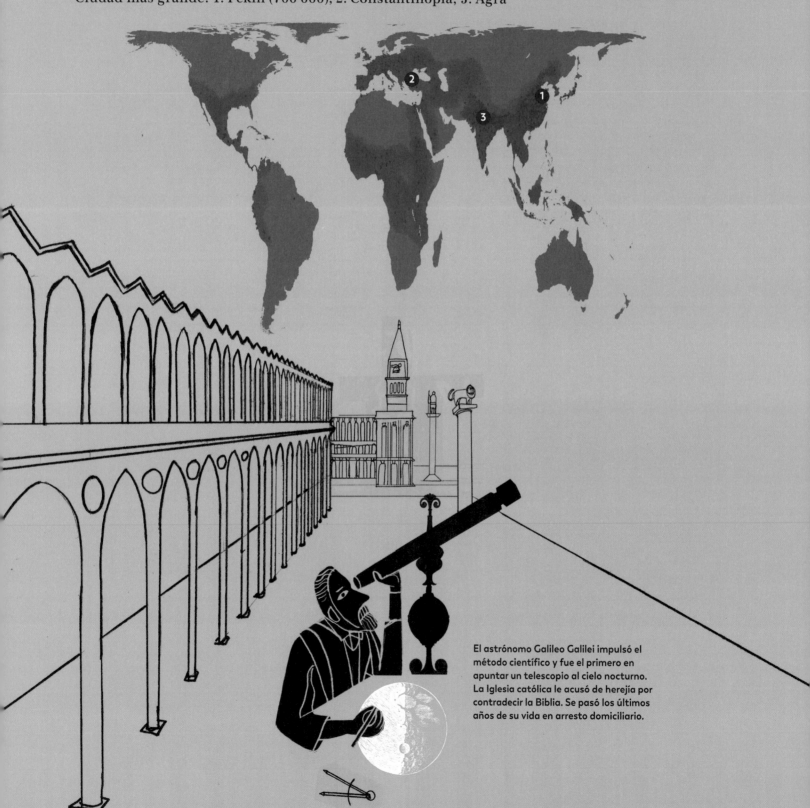

El astrónomo Galileo Galilei impulsó el método científico y fue el primero en apuntar un telescopio al cielo nocturno. La Iglesia católica le acusó de herejía por contradecir la Biblia. Se pasó los últimos años de su vida en arresto domiciliario.

LA CIENCIA

«En cuestiones de ciencia, la autoridad de mil
no vale más que el humilde razonamiento de
un solo individuo».

Galileo Galilei

La revolución de la ciencia

La edición está muy unida al auge de la ciencia. En el siglo XVI, a medida que se consolidaba la imprenta, los especialistas empezaron a buscar libros con la mejor información y la más actualizada. Los editores, a su vez, buscaban contenidos e investigaciones originales para publicar. Pronto empezó a emerger una nueva disciplina: la ciencia.

El auge de la medicina occidental

Hasta el siglo XVI, los conocimientos médicos en Europa eran tan escasos que los médicos solían hacer más daño que bien. No había escuelas de medicina; solían ser los barberos quienes extraían muelas y hacían operaciones. El mundo islámico, en cambio, poseía excelentes conocimientos médicos. Con el tiempo se fundó una escuela de medicina en el sur de Italia. La Escuela de Medicina de Salerno tenía vínculos con los hospitales islámicos del norte de África. Consiguieron salvar muchas vidas y pronto se hicieron famosos. La realeza viajaba allí para recibir tratamiento y médicos de toda Europa acudían para aprender las prácticas de la escuela. Las escuelas de medicina que seguían sus métodos pronto se extendieron por toda Europa.

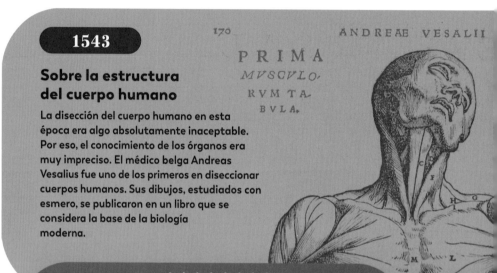

1543

Sobre la estructura del cuerpo humano

La disección del cuerpo humano en esta época era algo absolutamente inaceptable. Por eso, el conocimiento de los órganos era muy impreciso. El médico belga Andreas Vesalius fue uno de los primeros en diseccionar cuerpos humanos. Sus dibujos, estudiados con esmero, se publicaron en un libro que se considera la base de la biología moderna.

1614

Logaritmos

El matemático escocés John Napier publicó un libro en el que demostraba una forma totalmente nueva de hacer matemáticas, por la que era mucho más fácil hacer cálculos muy complejos.

1620

Novum Organum Scientarium

El filósofo británico Francis Bacon propuso el «razonamiento inductivo» en su libro de referencia. Sostenía que había que recoger datos precisos y extraer conclusiones solo a partir de ellos. Se convirtió en el esbozo del método científico.

Alquimistas

Antes de que hubiera científicos, hubo alquimistas. Creían que podían crear oro mezclando metales y buscaban el «elixir de la vida», una poción capaz de curar cualquier enfermedad. Muchos alquimistas hacían afirmaciones descabelladas sobre sus habilidades y se parecían más a magos o brujos que a científicos.

Gottfried Leibniz (1646–1716)

Binarismo

El científico alemán Gottfried Leibniz fue uno de los más grandes matemáticos de su época. También fue uno de los primeros europeos en estudiar la filosofía china. Se inspiró en el *I Ching*, un texto escrito hace 3000 años en China. Este antiguo libro presentaba la idea de que todo, por complejo que fuera, podía, en teoría, estar compuesto por una combinación de dos opuestos: el yin y el yang. Contenía un conjunto de 64 caracteres, cada uno de los cuales era una combinación única de ambos. A la izquierda se muestran los cuatro primeros de los 64 símbolos del *I Ching*. En binario, Leibniz los tradujo a: 000000, 100000, 010000 y 110000. Él mismo escribió arriba los números que representan. Leibniz propuso un sistema matemático basado en 0 y 1. Este sistema binario ha sido de enorme influencia. Constituye la base de toda la informática digital y de la información actual. Las fotos, los textos, los vídeos, las aplicaciones —por complejos que sean— están todos formados por 0 y 1.

1637

Discurso del método

El filósofo francés René Descartes tenía un método diferente para la investigación científica: el razonamiento deductivo. Sostenía que se podía alcanzar el conocimiento mediante la lógica. Es famosa su manera de utilizar la lógica para dudar de todo. Al final, llegó a la definitiva conclusión lógica: «Pienso, luego existo».

1665

Micrographia

Micrographia de Robert Hooke —dibujos de plantas y animales vistos al microscopio— se convirtió en el primer *bestseller* científico. Acuñó el término «célula».

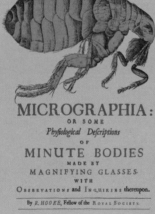

1662

La Royal Society

Un grupo de científicos de Londres empezó a reunirse para compartir ideas. Se les conoció como la Royal Society. Publicaron *Philosophical Transactions*, la primera revista científica de la historia. Más tarde surgieron sociedades similares por toda Europa y se creó una red intelectual. La investigación científica se sigue compartiendo, sobre todo, mediante las publicaciones. Las revistas permiten revisar y validar los descubrimientos. Sin embargo, no se admitió a las mujeres como miembros hasta 1945.

1666

Origen de las formas y cualidades

El trabajo de Robert Boyle, aunque muy imperfecto, sentó las bases para el estudio de la materia, hasta el nivel atómico.

1685

Los mapas de Moxon

Joseph Moxon publicó los populares *Ejercicios de Mecánica*. Sus mapas y cartas contenían los conocimientos más actualizados de la época. (Fíjate en las partes que faltan de Australia y Alaska).

La invención del microscopio (1590) y del telescopio (1608), en Holanda, tuvo una repercusión enorme en la comprensión del mundo.

Robert Hooke   Antonie van Leeuwenhoek   Edmund Halley   Isaac Newton

Los datos

En la época medieval, cada región de Europa utilizaba unidades de medida diferentes. Esto no causaba grandes problemas en la época, ya que había poco comercio entre ciudades. Pero la ciencia depende de la existencia de datos cuidadosamente registrados, por lo que era necesario que hubiera un conjunto de normas y sistemas de medición.

Normalización de datos

Pesos y medidas

Antes había distintas medidas de pesaje según lo que se midiera. En Roma, por ejemplo, si eras mercader, necesitabas un juego de pesas para comprar oro, otro distinto para la medicina y otro para los bienes mercantiles. Medir la longitud tampoco era fácil. Las longitudes de las telas se medían en unidades distintas a las de todo lo demás.

El tiempo

En un principio, una hora era una medida de 1/12 de un día y una noche, fuera cual fuera la duración del día. Esto significaba que las horas de luz eran más largas en verano. Esto no era un problema, ya que no se necesitaba mucha precisión en la vida cotidiana. Sin embargo, la exactitud horaria es esencial para muchos experimentos científicos.

Años

El sistema de datación a. C./ a. e. c., que cuenta los años transcurridos desde el nacimiento de Jesús, no empezó a adoptarse en Europa hasta mediados del siglo XV. Antes de esto, los años se calculaban normalmente a partir del año de coronación del rey de turno: «En el año 12 del rey Juan», por ejemplo. Los reyes y las reinas cambiaban con el tiempo y variaban de un país a otro, por lo que casi siempre había confusión sobre el año en que se producía un acontecimiento determinado... y la mayoría de la gente no sabía qué edad tenía.

Recopilación de datos

A finales del siglo XVI, Londres crecía rápidamente y necesitaba formas de gestionar su población. El *Bills of Mortality* empezó a publicarse en 1603. Era un periódico de una sola hoja que registraba los bautizos y entierros de Londres. Los secretarios de cada distrito londinense recopilaban los datos de la zona, y un secretario central los reunía para imprimirlos después. Se enumeraban las diversas causas de muerte y eso era la mar de útil: los aumentos de las defunciones alertaban de posibles brotes de enfermedades.

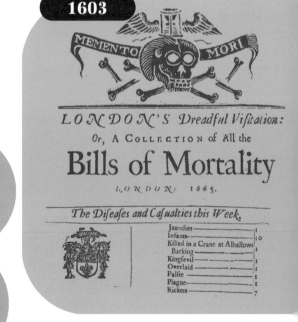

20 granos = 1 escrúpulo
3 escrúpulos = 1 dracma
8 dracmas = 1 onza
16 onzas = 1 libra
(Excepto en Devon, donde son 18 onzas)

El comienzo del año también variaba. La mayoría de los países de Europa celebraban el Año Nuevo el 1 de enero, pero hasta 1752 el año nuevo del Reino Unido empezaba en primavera. El año fiscal sigue siendo así.

12 pulgadas = 1 pie
3 pies = 1 yarda
1760 yardas = 1 milla

1450 Anno Domini
1 de enero/25 de marzo
Las 12 horas del día

A partir del siglo XVII, las potencias imperiales colonizaron el mundo. El incremento del comercio obligó a estandarizar las medidas. Estas medidas pasaron a denominarse «medidas imperiales».

**Florence Nightingale
(1820-1910)**

Datos para la concienciación pública

Florence Nightingale utilizó la visualización de datos para llamar la atención del público sobre los asuntos relacionados con la atención médica. Aquí se puede ver uno de sus diagramas. Muestra que las condiciones en el ejército británico eran tan insalubres que los soldados morían en los cuarteles en casa en tiempos de paz a un ritmo casi dos veces superior al de la población civil masculina. Nightingale escribió más de 200 panfletos e informes, que se tradujeron en muchas mejoras en la cirugía y la enfermería.

Análisis de datos

John Graunt, matemático inglés, analizó los datos del *Bills of Mortality* de 1603 a 1660 y escribió un libro en el que calculaba los índices de mortalidad de distintas enfermedades. Este análisis se considera el primer uso de la estadística. Graunt detectó patrones y calculó la esperanza de vida. Los métodos estadísticos de los que fue precursor siguen siendo las herramientas médicas más potentes de que disponemos. Muchos descubrimientos, por ejemplo, la relación entre el cáncer de pulmón y el tabaquismo, se hallaron analizando solo las estadísticas.

Visualización de datos

Es difícil entender los datos en bruto. En 1669, Christiaan Huygens tomó las observaciones de Graunt e hizo un dibujo. Se cree que fue la primera representación visual de unos datos: un gráfico de mortalidad.

El Imperio británico crecía rápidamente. El economista político William Playfair estaba al frente de su gobierno. Creó distintas formas de visualizar los datos económicos del Imperio. Entre sus innovaciones están los primeros gráficos circulares y los gráficos de líneas y barras. A menudo se hace referencia a él como «el padre de la visualización de datos».

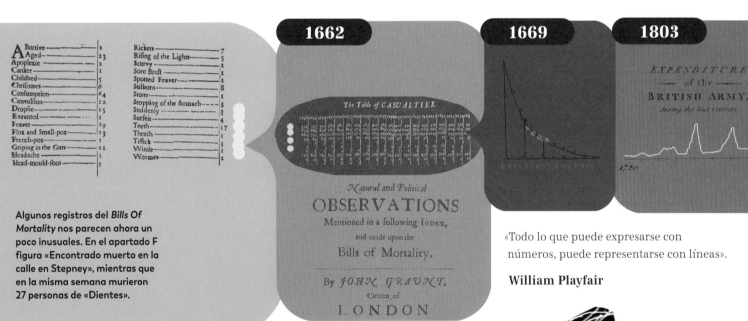

1662

1669

1803

Algunos registros del *Bills Of Mortality* nos parecen ahora un poco inusuales. En el apartado F figura «Encontrado muerto en la calle en Stepney», mientras que en la misma semana murieron 27 personas de «Dientes».

«Todo lo que puede expresarse con números, puede representarse con líneas».

William Playfair

John Graunt

Christiaan Huygens

William Playfair

Muchas epidemias azotaron Londres durante el siglo XVII, la más notable fue la Gran Peste de 1665. Los médicos de la peste llevaban máscaras en forma de pico perfumadas con pétalos de rosa para evitar contagiarse.

Clasificación del conocimiento

Desde la Antigüedad ha habido intentos de recopilar el conocimiento humano.
Pero no fue hasta la revolución científica del siglo XVIII cuando empezaron a crearse
enciclopedias y libros de consulta tal y como los conocemos hoy.

77-79 d. C.

Historia Naturalis

Una de las primeras enciclopedias fue la de Plinio el Viejo, creada en Roma. Hay muchas entradas inusuales, como criaturas mitológicas que «viven en los confines del mundo». La mantuvieron activa los monjes, que la reescribieron y actualizaron a lo largo de la época medieval, y fue uno de los primeros textos clásicos que se imprimieron.

Un esciápodo tiene «un solo pie grande. Lo utiliza para protegerse del sol».

Un cinocéfalo tiene «la cabeza de un perro y vive en los confines del mundo».

1244 d. C.

Speculum Maius

El *Speculum Maius* (Espejo mayor) fue una enorme enciclopedia creada por Vicent de Beauvais. Con 80 volúmenes y 3,25 millones de palabras, fue, en su momento, el mayor libro jamás creado. Sin embargo, su sistema de clasificación se basaba principalmente en el orden de la Biblia. Para encontrar un tema dentro de sus 10 000 entradas, había que tener muy buenos conocimientos bíblicos. Por ejemplo, los animales se enumeraban en el orden en que fueron creados por Dios en el libro del Génesis.

the arts
gramme
logic
poetry
rhetoric
politics
theology

history
Creation
Adam & Eve
Egypt
Romans
Recent History

natural history
God
light & the elements
sky, land, sea
zodiac
fish & fowl
animals
man

Plinio el Viejo

Vicent de Beauvais

La enciclopedia *Yongle*

Los libros citados anteriormente son todos europeos. No hemos podido incluir corpus de conocimiento de otras civilizaciones. La más notable es la Enciclopedia de Yongle de 1408 d. C. Sus 11 000 volúmenes la convirtieron, con diferencia, en la mayor enciclopedia general del mundo. Solo la superó Wikipedia en 2007, ¡seis siglos después! Sin embargo, quedó destruida en gran parte durante la guerra del Opio británica: solo se conserva un 3,5 % de ella.

Emperador Yongle

1735 CE

Systema Naturae

En este importantísimo libro, el biólogo sueco Carl Linnaeus clasificó las especies, agrupando animales y plantas en familias según su anatomía. Todavía hoy utilizamos su estructura latina para los nombres: los humanos son *Homo sapiens*, mientras que los gatos domésticos son *Felis catus*.

Indexación

Una de las ventajas de clasificar el conocimiento es la facilidad con la que se pueden cruzar referencias. Al establecer conexiones entre materias como la geometría y la física, los conocimientos de un área pueden trasladarse a otra. Esto crea una tercera materia; en este caso, la geometría y la física juntas crearon la balística.

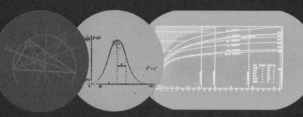

Geometría + Física = Balística

1751 d. C.

Encyclopédie

El primer equivalente moderno de una enciclopedia fue obra de Denis Diderot en Francia. Contrató a algunos de los intelectuales más avanzados para que contribuyeran. Rompió con la tradición de basar todo el conocimiento en la Biblia, por lo que fue muy polémica. Diderot la imprimió en secreto para burlar a las autoridades, y muchas ideas revolucionarias consiguieron colarse gracias a su extensión. Diderot se vio obligado a comparecer ante los tribunales porque el gobierno impugnó las entradas sobre religión y orden natural, y algunas de ellas fueron censuradas. Debido a su contenido revolucionario, se atribuye a la *Encyclopédie* ser una de las fuentes de inspiración de la Revolución francesa.

La *Encyclopédie* utilizaba el orden alfabético, lo que facilitaba la búsqueda de temas.

1755 d. C.

Diccionario

Hacia 1700, el latín se utilizaba cada vez menos. En su lugar, la gente debatía los temas del momento utilizando su propio idioma, ya fuera el inglés o el francés. El problema era que no existían definiciones precisas acordadas para las palabras de estas nuevas lenguas, por lo que a menudo había confusión sobre lo que se estaba debatiendo en realidad. Todos los países europeos trataron de definir sus lenguas. En Inglaterra, Samuel Johnson escribió el primer diccionario.

Carl Linnaeus

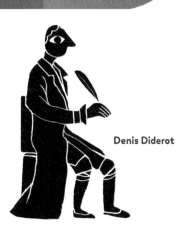

Denis Diderot

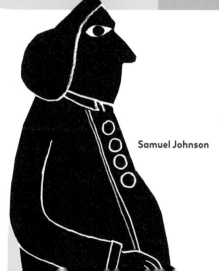

Samuel Johnson

La ciencia: una colaboración a lo largo de los siglos

La ciencia es una herramienta que sirve para responder preguntas. Muchas preguntas han sido motivo de perplejidad durante siglos. Una de las más desconcertantes en la antigüedad era la del movimiento de los planetas. Con esos extraños movimientos circulares y en bucle, los planetas se comportaban de un modo muy distinto a todo lo que podía verse en la Tierra. ¿Qué eran?

Cuerpos celestes

Las civilizaciones antiguas estaban fascinadas por los planetas. Muchas incluso basaron sus dioses en ellos. Mercurio era el dios griego Hermes, y Venus (pág. 15) era Afrodita

Mercurio
Hermes

Venus
Afrodita

Ptolomeo	Hipatia	Al-Battani	Copérnico	Kepler	Galileo
100 d. C.	**400 d. C.**	**900 d. C.**	**1543 d. C.**	**1609 d. C.**	**1632 d. C.**
Ptolomeo, astrónomo griego, escribió el *Almagesto*, un libro muy influyente sobre astronomía. Fue tan venerado que se convirtió en doctrina religiosa. Sin embargo, afirmaba que la Tierra era inmóvil y que los planetas y el Sol giraban a nuestro alrededor.	Hipatia, matemática y astrónoma de Alejandría (Egipto), editó y corrigió el *Almagesto*, y también añadió un método de cálculo mejor. Otros también aportaron conocimientos y observaciones.	Al-Battani, en Siria, y otras personas en todo el mundo islámico, cartografiaron las estrellas y las trayectorias de los planetas con una precisión sin precedentes. Gracias a los eruditos islámicos se conserva el *Almagesto*. De hecho, «Almagesto» es su nombre en árabe.	El astrónomo polaco Nicolás Copérnico utilizó las medidas de Al-Battani para sus cálculos. En su libro *De Revolutionibus*, afirmaba que la Tierra orbita alrededor del Sol. Una afirmación tan radical que su título nos dio la palabra «revolución».	Johannes Kepler demostró que los planetas no se mueven en círculos, sino en elipses. Las elipses se ajustaban mejor a las observaciones planetarias. Por primera vez, los movimientos de los planetas se podían predecir con exactitud..	Galileo Galilei se sirvió de las leyes de la física para perfeccionar las órbitas y demostrar que Copérnico y Kepler estaban en lo cierto. También fue la primera persona que apuntó un telescopio al espacio. Vio las lunas de Júpiter y los anillos de Saturno, lo que reforzó la nueva teoría.

> «Si he logrado ver más lejos
> ha sido porque he subido a
> hombros de gigantes».
>
> **Isaac Newton**

Ciencia ficción

Johannes Kepler fue una de las primeras personas en darse cuenta de que los planetas eran, de hecho, otros mundos, como el nuestro, y que estos otros mundos podrían estar habitados. Escribió una historia sobre un hombre que viaja a la Luna y ve sus extrañas formas de vida. La tituló *Somnium*. Se considera la primera obra de ciencia ficción de la historia.

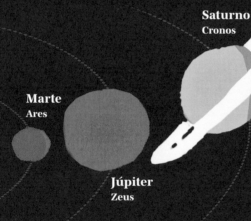

Saturno
Cronos

Neptuno

Marte
Ares

Urano

Júpiter
Zeus

Newton

1687 d. C.

Isaac Newton publicó *Principia*. En él demuestra que los movimientos de los planetas se deben a la gravedad, las mismas fuerzas que experimentamos en la Tierra. Los extraños movimientos de los planetas y las estrellas ya no son un misterio; funcionan exactamente según las mismas fuerzas que vemos en la Tierra.

William y Caroline Herschel

1781 d. C.

William Herschel, junto con su hermana Caroline, descubrió el lejano planeta Urano con un nuevo telescopio. Al rastrear el nuevo planeta, vieron que había algo inusual en su órbita. Combinando sus observaciones con las leyes de Newton, los matemáticos llegaron a la conclusión de que debía de haber otro planeta aún por descubrir, mucho más lejos, y señalaron con precisión dónde podía encontrarse. Al final, apuntaron potentes telescopios hacia esa posición y confirmaron la existencia del planeta. Se le dio el nombre de Neptuno, el último planeta oficial de nuestro sistema solar.

La idea del progreso

Esta fue una de las primeras veces que los científicos hicieron públicamente una predicción y cautivaron la imaginación del público. Los Herschel se convirtieron en celebridades en vida. Pero Newton, ya fallecido, se convirtió en una leyenda. Su teoría era sencilla pero muy muy poderosa. Utilizando nada más que algunos cálculos escritos a lápiz sobre papel, cualquiera, incluso un escolar, podía predecir el movimiento de los planetas, y no solo de los planetas observables, sino de cualquier objeto del espacio. Todos los cálculos del alunizaje del Apolo en 1969 se hicieron utilizando las leyes de Newton. Avances científicos como este dieron lugar en esa época a una nueva ideología que aún perdura: la idea de «progreso».

Población mundial estimada: 640 millones

Ciudades más grandes: 1. Constantinopla (700 000), 2. Tokio, 3. Pekín

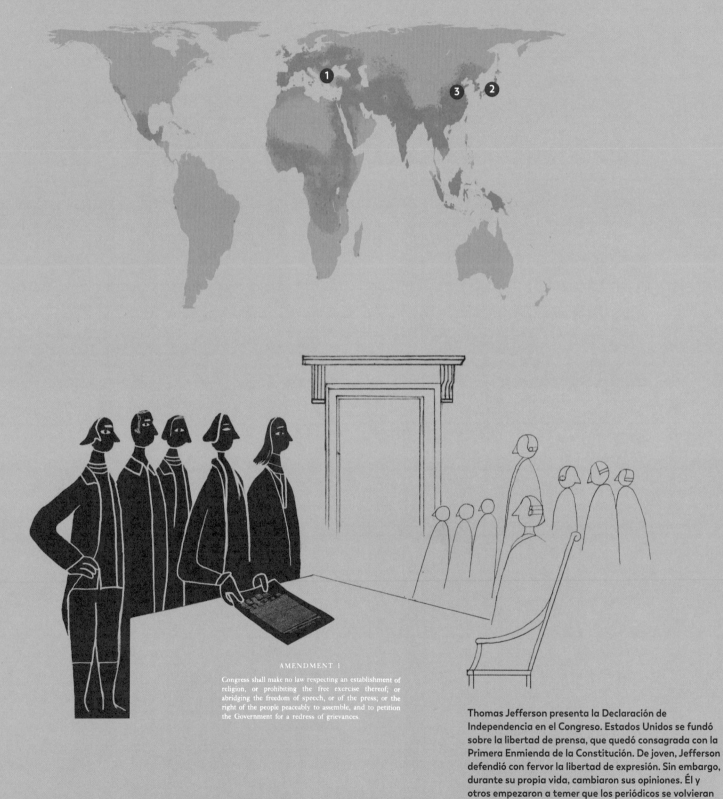

AMENDMENT 1

Congress shall make no law respecting an establishment of religion, or prohibiting the free exercise thereof; or abridging the freedom of speech, or of the press; or the right of the people peaceably to assemble, and to petition the Government for a redress of grievances.

Thomas Jefferson presenta la Declaración de Independencia en el Congreso. Estados Unidos se fundó sobre la libertad de prensa, que quedó consagrada con la Primera Enmienda de la Constitución. De joven, Jefferson defendió con fervor la libertad de expresión. Sin embargo, durante su propia vida, cambiaron sus opiniones. Él y otros empezaron a temer que los periódicos se volvieran tendenciosos y difundieran desinformación.

NOTICIAS Y PERIÓDICOS

«Nuestra libertad depende de la libertad de prensa,
y esta no puede limitarse sin perderse».
Thomas Jefferson

Las noticias

Además de libros, los primeros impresores imprimían noticias en hojas de papel y las vendían como «hojas de noticias». En tiempos de debates públicos, la gente pagaba a los impresores para que imprimieran sus escritos. Estas opiniones y cartas circulaban a menudo y se copiaban de otras hojas de noticias. De este modo, las noticias se difundían de pueblo en pueblo. A medida que crecía su popularidad, las hojas de noticias se convirtieron en lo que hoy conocemos como periódicos.

Las noticias en el pasado

En la antigüedad no había ningún medio para hacer públicas las noticias. Los reyes o los gobiernos enviaban mensajeros si necesitaban dar noticias de invasiones o información importante a los pueblos y ciudades más cercanos. A veces, los reyes enviaban emisarios diarios a caballo para dar órdenes, sobre todo en tiempos de guerra.

Gacetas

En el siglo XVI, el puerto de Venecia (Italia) era el centro comercial más activo de Europa. Los barcos que llegaban al puerto debían dar a conocer sus mercancías a los comerciantes de la ciudad. Por la ciudad circulaban hojas de noticias escritas a mano en las que se enumeraban las existencias y los precios. Las hojas manuscritas se vendían por una moneda «gazetta», por lo que pasaron a llamarse gacetas.

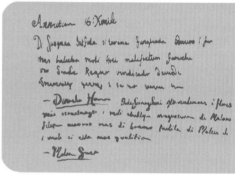

Maratón

En 490 a. C., un ejército persa desembarcó en la bahía de Maratón para intentar conquistar Grecia. Se dice que un mensajero, Filípides, corrió los casi 26 kilómetros que separaban Maratón de Atenas, sin detenerse, para dar la noticia, antes de desplomarse y morir de agotamiento. Los maratones modernos se basan en su carrera para recordarlo.

La plaza del pueblo

Hasta la aparición de los periódicos, la gente se reunía en la plaza del pueblo para intercambiar noticias o enterarse de ellas. Los pregoneros o «heraldos» hacían anuncios oficiales y hacían sonar una campana para atraer a la multitud. A veces se avergonzaba públicamente a la gente poniéndola en el cepo como castigo.

Filípides

Los primeros periódicos impresos de Europa se conocieron como gacetas, por las hojas de noticias manuscritas venecianas.

Las imágenes que asociamos con las brujas proceden de las ilustraciones de los primeros periódicos y panfletos.

Caza de brujas

Los periódicos se complacían en publicar cualquier cosa que vendiera, y al público le fascinaban las noticias insólitas o chocantes. Los reportajes espantosos sobre villanos eran muy populares. Empezaron a circular todo tipo de historias extravagantes. Las más famosas eran las historias de brujas. Los lectores de los primeros periódicos eran en su mayoría hombres, y la prisa por publicar más y más historias truculentas llevó al público a un frenesí de paranoia. Esto llevó a juicios y ejecuciones de personas inocentes —en su mayoría mujeres— tachadas de brujas. Los juicios y ejecuciones de estas «brujas» también eran noticias fascinantes, y avivaron aún más los temores. Las brujas y la caza de brujas cautivaron a la opinión pública europea entre 1550 y 1700.

El primer periódico

Johann Carolus, escriba de la ciudad de Estrasburgo, se ganaba la vida redactando a mano hojas de noticias. En 1605 adquirió una imprenta y empezó a imprimirlas. Fue el primer periódico impreso de Europa, *La Relación*.

Primer periódico en inglés

El primer periódico en inglés, la *Oxford Gazette*, se publicó por primera vez en Oxford (Reino Unido), pero más tarde se trasladó a Londres y pasó a llamarse *London Gazette*. En realidad, era un altavoz del rey, pero difundía la actualidad.

El primer diario

El primer periódico diario en inglés fue el *Daily Courant*. Constaba de una sola página a dos columnas y anuncios en el reverso. Se centraba en informar sobre noticias extranjeras, ya que en aquella época era ilegal informar sobre acontecimientos nacionales.

Primeros periódicos en EE. UU

Uno de los primeros periódicos independientes de Norteamérica fue el *New-England Courant*. Era crítico con el gobierno británico. En aquella época, los demás periódicos de las colonias americanas estaban en manos del gobierno británico.

1605 — **1665** — **1702** — **1721**

Anuncios

Los primeros anuncios de periódico los utilizaban los impresores para anunciar sus propios libros. Más tarde, los anuncios los ponían las empresas, a las que a veces se intimidaba para que compraran anuncios. Los periódicos amenazaban a los empresarios con publicar reportajes negativos si no colocaban anuncios.

El *New-England Courant* fue fundado por James Franklin. Su hermano, Benjamin, se convirtió en uno de los Padres Fundadores de EE. UU.

El auge de la esfera pública

Las ideas corrían como la pólvora por Europa. Las historias de riqueza de tierras lejanas atraían a los aventureros al extranjero. En los mercados se encontraban nuevos alimentos exóticos. Empresarios, comerciantes y científicos se enteraban de los últimos avances a través de las hojas de noticias. Y se reunían a través de una nueva forma de socializar: la cafetería.

Cafeterías

Las cafeterías se hicieron muy populares en Inglaterra en el siglo XVII. En aquella época, era tradición en la sociedad respetable reunirse solo con personas conocidas o a las que se había presentado. Las cafeterías, en cambio, estaban abiertas al público y se animaba a los clientes a hablar con otras personas, las conocieran o no. Las cafeterías solían tener una o varias mesas comunales largas.

Universidades del penique

Las cafeterías no solo eran un lugar para tomar café, sino también para enterarse de las noticias. Cobraban un penique por la entrada, que incluía el acceso a los periódicos. La mayoría de las cafeterías estaban suscritas a tres o cuatro periódicos, y algunas publicaban periódicos propios, o tenían acceso a material manuscrito demasiado delicado para publicarlo. Así que, para enterarse de lo que ocurría, la gente no tenía más que visitar su cafetería favorita.

Lloyd's of London

La cafetería Lloyd's era un local popular para que marineros, comerciantes y armadores encontraran las noticias más fiables sobre navegación. El propietario, Edward Lloyd, empezó a publicar una hoja de noticias marítimas: *Lloyd's List* (La lista de Lloyd). A los comerciantes les preocupaba que su barco no regresara, así que Edward empezó a ofrecer dinero para ayudar a cubrir las pérdidas si el barco se perdía. Esto llevó a la creación de la primera compañía de seguros de la historia, la Lloyd's of London.

En la década de 1600 aparecieron en Europa artículos nuevos y exóticos, como el té, el café, el tabaco, las especias, las patatas, los tomates, el maíz y el chocolate.

Optimismo

Fue una época de gran optimismo. Un influyente escritor, Samuel Hartlib, escribió en 1641: «El arte de la imprenta difundirá de tal modo el conocimiento que el pueblo llano, conocedor de sus propios derechos y libertades, no será gobernado mediante la opresión».

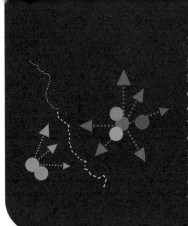

Los periódicos ayudan a forjar naciones

En esta época, cada ciudad tenía un dialecto muy distinto. Las lenguas no estaban definidas y muchas fronteras nacionales no estaban claras. Por toda Europa, lo que ahora llamaríamos dialectos franceses se mezclaban con el español y el catalán si se viajaba hacia el sur. Los periódicos procedían de los grandes centros urbanos, y cuando los periódicos de París se extendieron por toda Francia, convirtieron el dialecto parisino en la lengua del país: el francés. Del mismo modo, el inglés de Londres se convirtió en la lengua de Inglaterra. En un sentido estricto, los periódicos crearon países, no solo solidificando sus lenguas, sino forjando una identidad nacional.

La Royal Society

Muchos científicos notables, entre ellos el fundador del Museo Británico, Hans Sloane, e Isaac Newton, debatían los últimos descubrimientos científicos en la Grecian Coffee House. Estas reuniones desembocaron en la fundación de la primera sociedad científica, la Royal Society, y de la revista *Philosophical Transactions*.

El Banco de Inglaterra

En 1694 se creó The Bank of England. Esto fue muy significativo porque implicaba que el rey tenía que pedir dinero prestado. Sus peticiones de dinero se debatían y podían ser rechazadas por el banco. Esto hizo que empezaran a producirse animados debates en Inglaterra, allanando el camino a la democracia.

La Bolsa

La primera Bolsa surgió en Ámsterdam en 1602 con la fundación de la Compañía Holandesa de las Indias Orientales, la primera sociedad anónima que cotizó en bolsa. Le siguió la Compañía Británica de las Indias Orientales y la Bolsa de Londres surgió informalmente en la Jonathan's Coffee House en 1698.

Revolución Industrial

Las redes de empresarios empezaron a mezclarse con las de científicos e ingenieros, y el dinero empezó a inyectarse en empresas innovadoras. La industria textil fue la primera en transformarse y pronto le siguieron otras, lo que dio lugar a una época conocida como la Revolución Industrial.

1660

1694 — Documento fundacional del Bank of England.

1698

1760

Las primeras publicaciones británicas de libros y periódicos se centraban en la calle Fleet de Londres.

A principios del siglo XVIII, Londres tenía más cafeterías que ninguna otra ciudad del mundo occidental, salvo Constantinopla.

La era de la Revolución

Además de en el ámbito de la ciencia y el comercio, se estaban difundiendo ideas radicales. Antes de esta época la mayor parte de la información procedía de fuentes autorizadas, como la Iglesia o la monarquía, pero ahora el pueblo podía hacer circular la información entre sí. Las ideas progresistas sobre la igualdad, la libertad y la democracia estaban en el ambiente. Despuntaba una nueva era: La Era de la Revolución.

La Ley del Timbre

Las monarquías de toda Europa estaban preocupadas por la prensa libre: su poder se ponía en tela de juicio. El gobierno británico intentó reprimir a la prensa introduciendo un impuesto conocido como la Ley del Timbre. Marcaban los periódicos a propósito con un sello del gobierno y cobraban una tarifa. Era ilegal vender un periódico sin este sello. Esto afectó a los periódicos más baratos y radicales, ya que los lectores pobres de clase obrera no se los podían permitir. Esto provocó un fuerte declive de los periódicos más críticos con el gobierno.

La Revolución estadounidense

En 1765, los británicos impusieron la Ley del Timbre a las colonias americanas, pero esa vez les salió el tiro por la culata. Los periódicos estadounidenses protestaron contra ella y difundieron informes antibritánicos que desembocaron en la guerra revolucionaria. Tras la independencia, EE. UU. fue un gran defensor de la libertad de prensa. La libertad de expresión y la libertad de prensa están arraigadas en su democracia. En lugar de gravar a los periódicos, el gobierno les concedió subvenciones. Estados Unidos se llenó de periódicos. En 1776 había 37 periódicos en EE. UU., pero en 1830 había más de 1300.

La Revolución francesa

El imperialismo crecía en Europa. Mientras las monarquías y la aristocracia se habían enriquecido mucho, los pobres solo se habían vuelto más pobres. La mayor desigualdad se daba en Francia. Circulaban panfletos ilegales. Las ideas radicales y las noticias de la Revolución estadounidense acabaron provocando la Revolución francesa y la ejecución del rey Luis XVI. Tras la revolución, los periódicos se volvieron muy influyentes. *L'Ami du Peuple* (El amigo del pueblo) y *Le Défenseur de la Constitution* (El defensor de la Constitución) reivindicaban los derechos de las clases trabajadoras.

Algunos periódicos hicieron todo lo posible por sobrevivir a la Ley del Timbre. El *Berthold's Political Handkerchief* (Pañuelo Político de Berthold) se imprimió en tela para evitar el impuesto.

Algunos periódicos pusieron imágenes de una calavera y dos tibias cruzadas en el lugar donde se colocaría el sello para simbolizar la muerte de la prensa.

1712

1776

1787

1789

Sellos emitidos por el gobierno británico para limitar la prensa libre.

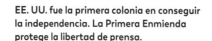

EE. UU. fue la primera colonia en conseguir la independencia. La Primera Enmienda protege la libertad de prensa.

La ejecución de Luis XVI y María Antonieta en 1793.

Reivindicación de los derechos de la mujer

En 1792, Mary Wollstonecraft publicó una de las primeras obras de filosofía feminista. Reclamaba que las mujeres recibieran educación. Sostenía que no se trataba solo de derechos humanos, sino de no desperdiciar las capacidades de la mitad de la humanidad. «¡Cuántas mujeres malgastan de este modo sus vidas, presas del descontento, cuando podían haber trabajado como médicas, haber regido una granja o dirigido una tienda, y mantenerse erguidas, sostenidas por su propia industria!».

Democracia

Las revoluciones suscitaron un intenso debate en todo el mundo. Muchos de los elementos de la democracia moderna que conocemos hoy surgieron de estos debates. Los que apoyaban la monarquía y querían mantener la autoridad del rey se sentaban a la derecha en la asamblea francesa. Los que querían un cambio democrático se sentaban a la izquierda. De aquí proceden los términos izquierda y derecha en política.

Izquierda y derecha

El teórico político inglés Thomas Paine se situó en la izquierda. Sus escritos *Sentido Común* y *Derechos del Hombre* se convirtieron en una gran influencia para los fundadores de EE. UU. Edmund Burke se posicionó con la derecha y criticó la revolución. Estas dos figuras se consideran hoy los padres del pensamiento de izquierdas y de derechas.

La Revolución haitiana

Haití era una de las colonias europeas más ricas y productivas. Exportaba grandes cantidades de plátanos y azúcar a Estados Unidos y Europa. Estos productos se cultivaban y cosechaban casi totalmente con mano de obra esclava. Inspirados por los acontecimientos de EE. UU. y Francia, los esclavos de Haití se sublevaron y libraron su propia guerra revolucionaria contra Francia. Haití se independizó y el pueblo esclavizado fue liberado.

¿Libertad, Igualdad, Fraternidad?

Tras la Revolución haitiana, a los colonos les preocupaba que las personas esclavizadas en Estados Unidos y otros lugares también quisieran ser libres. Así pues, interrumpieron el comercio con Haití. El país quedó sumido en la inestabilidad. Además, los franceses exigieron el pago completo por los esclavos liberados. Haití pasó de ser una de las zonas más ricas del mundo a una de las más pobres. Su deuda con Francia no se saldó hasta 1947. A pesar de los discursos idealistas sobre la igualdad, Haití, el primer país verdaderamente libre, fue duramente castigado.

Revoluciones en todo el mundo occidental

Las noticias del levantamiento provocaron otras revoluciones importantes en todo el mundo, sobre todo en Europa y en varias colonias. Entre 1808 y 1828, casi toda América Central y del Sur se liberó del control europeo. Bélgica y Holanda vivieron grandes revoluciones en 1830, mientras que Italia, Alemania, el Imperio austriaco, Hungría y Polonia formaron parte de las «Revoluciones de 1848».

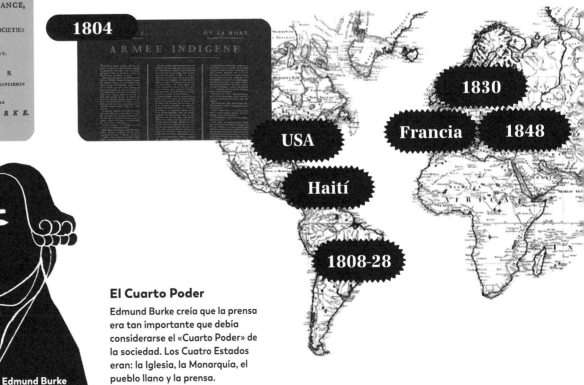

1790-91

1804

1830

Francia **1848**

USA

Haití

1808-28

Thomas Paine

Edmund Burke

El Cuarto Poder

Edmund Burke creía que la prensa era tan importante que debía considerarse el «Cuarto Poder» de la sociedad. Los Cuatro Estados eran: la Iglesia, la Monarquía, el pueblo llano y la prensa.

71

Medios de comunicación de masas

Los primeros periódicos tenían poca difusión. Muchos eran revistas especializadas que obtenían beneficios gracias a la información más reciente sobre un sector o un gremio concreto. Esto significaba que tenían pocos lectores especializados y pocos anuncios. Pero en EE. UU. esto estaba a punto de cambiar.

El *New York Sun*

Un impresor de Nueva York, Benjamin Day, creía que si podía imprimir periódicos en grandes cantidades podría venderlos baratos y ganar dinero con la publicidad. En 1833 creó el *New York Sun*. Day contrató a un escritor a tiempo completo, el primer periodista profesional de Estados Unidos, para que visitara los tribunales penales y recogiera historias entretenidas. Mientras otros periódicos se vendían por seis o siete centavos, el *Sun* lo hacía por un penique. Sin embargo, el dinero de la publicidad no tardó en llegar y el periódico se convirtió en un éxito rotundo. Otros periódicos copiaron este modelo de negocio.

Estos periódicos pasaron a conocerse como la «prensa del penique», y su tipo de información se conoció como «sensacionalismo».

El gran engaño de la Luna

En 1835, *The Sun* publicó un artículo que más tarde se conoció como «El gran engaño de la Luna». Afirmaban que el astrónomo John Herschel (pág. 63) había «construido un inmenso telescopio según un principio totalmente nuevo» y había avistado una civilización en la Luna. Se escribieron reportajes sobre la vida de los habitantes de la Luna, que fueron descritos como «hombres murciélago». Puede que ahora nos parezca increíble, pero en aquella época mucha gente se lo creyó.

Cuestión de marca

Estas populares historias convirtieron a *The Sun* en el diario más vendido del mundo. Los fabricantes vieron las oportunidades que ofrecía un público tan numeroso y empezaron a anunciarse a bombo y platillo. Las marcas de jabones, bebidas, medicinas, tabaco y otros productos manufacturados pronto se convirtieron en nombres muy conocidos. Algunas empresas gastaban más en publicidad que en fabricación.

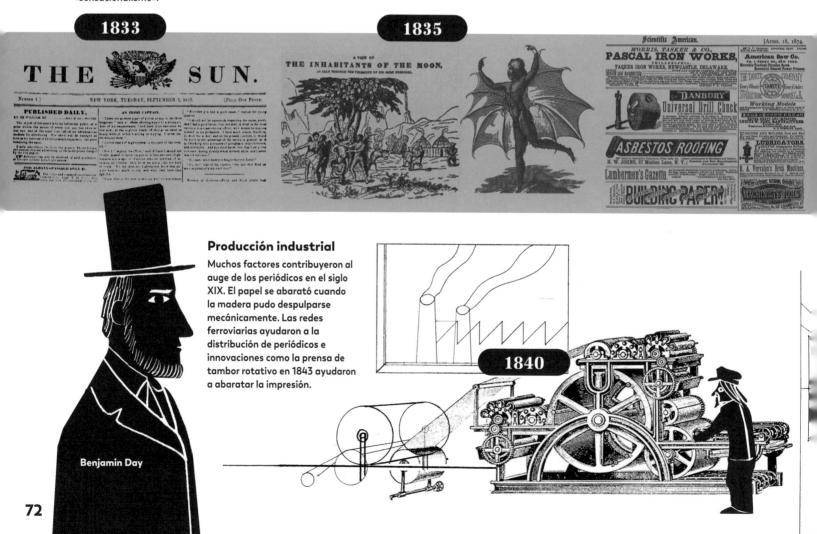

Producción industrial

Muchos factores contribuyeron al auge de los periódicos en el siglo XIX. El papel se abarató cuando la madera pudo despulparse mecánicamente. Las redes ferroviarias ayudaron a la distribución de periódicos e innovaciones como la prensa de tambor rotativo en 1843 ayudaron a abaratar la impresión.

Benjamin Day

1833

1835

1840

«Hace ochenta y siete años...»

Abraham Lincoln
(1809-1865)

El presidente letraherido

Se dice a menudo que, hoy en día, es improbable que Abraham Lincoln llegara a presidente. Cuentan que tenía un aspecto y un comportamiento extraños, y que hablaba con voz aguda y acento rural. Sin embargo, tenía muy buena mano para la escritura. Sus impactantes discursos y cartas se reimprimían en los periódicos, y su calidad le granjeó un gran número de seguidores. Hoy se le considera uno de los presidentes estadounidenses más populares y respetados.

Prensa amarilla

A finales del siglo XIX, dos magnates y rivales de la prensa, Joseph Pulitzer y William Randolph Hearst, eran propietarios de los dos periódicos más populares. Pulitzer era propietario del *New York World*, mientras que Hearst lo era del *New York Journal*. Su afán por contar historias exageradas se hizo legendario. Este estilo de periodismo se conoció como «prensa amarilla» porque ambos publicaban en portada una popular tira cómica llamada «Yellow Kid» (el chico amarillo).

Ilustración

Las viñetas y caricaturas eran muy populares antes del siglo XX, cuando había menos alfabetización. Como dijo un político estadounidense: «Me importan un bledo vuestros artículos periodísticos. La mayoría de mis votantes no saben leer. Pero no pueden evitar ver esas puñeteras imágenes». Los partidos políticos estadounidenses se representaban a menudo como un elefante y un burro.

Impresión de imágenes

En los primeros tiempos de la imprenta, las fotos no se podían reproducir. No obstante, el hijo de Benjamin Day y otros desarrollaron un sistema de puntos para imprimir fotografías e imágenes. Una técnica se conoce como «semitonos»; la otra, como «puntos Ben-Day».

Guerra hispano-estadounidense

La guerra también generó noticias apasionantes y grandes ventas. Cuando empezaron los rumores de disturbios políticos en Cuba en 1897, Hearst envió a un ilustrador a dibujar las escenas. El ilustrador informó de que no había conflicto, y se dice que Hearst le contestó: «Usted ponga los dibujos, yo pondré la guerra».

El Maine

En 1898, el USS Maine explotó y se hundió; murieron 266 personas. Lo más probable es que fuera un accidente con la pólvora de a bordo, pero los periódicos culparon a los españoles. Se atribuye a esta historia y a otras el mérito de haber llevado a EE. UU. a la guerra hispano-estadounidense.

El *New York Times*

Muchos estadounidenses estaban horrorizados por el proceder de la prensa. Un editor, Adolph Ochs, estaba tan horrorizado por la información sensacionalista que compró el *New York Times* en 1896 con la idea de ofrecer una alternativa informativa más fiable.

Semitono **Puntos Ben-Day**

La guerra hispano-estadounidense supuso unas ventas sin precedentes para ambos periódicos.

1880

Se atribuye a «Yellow Kid» el mérito de ser la primera tira cómica del mundo y una de las primeras imágenes impresas en color. El personaje estaba inspirado en un descarado niño inmigrante irlandés de los guetos neoyorquinos.

1880-90s

1898

1896

Chicos de los periódicos

Contratar repartidores o «chicos de los periódicos» fue otra táctica de Benjamin Day que Hearst y Pulitzer copiaron. Los chicos se sacaban unas perras comprando fajos de periódicos por medio céntimo cada uno y vendiéndolos por un penique.

Joseph Pulitzer

William Randolph Hearst

La prensa moderna

Puede que los Estados Unidos fueran pioneros en los medios de comunicación de masas, pero los británicos copiaron el modelo y lo mejoraron. A finales del siglo XIX, y durante gran parte del XX, los periódicos de mayor tirada del mundo eran británicos. Se inventó un nuevo formato de periódico: el tabloide.

Los periódicos de tamaño grande

The Times fue el periódico más vendido del mundo durante gran parte del siglo XIX. Independiente y a menudo crítico con el gobierno, gozaba de respeto en todo el mundo. El *Manchester Guardian*, fundado en 1821, y otros periódicos empezaron a competir por los lectores en la última mitad del siglo.

La guerra de Crimea

Uno de los reporteros más conocidos del *Times*, William Howard Russell, publicó relatos condenatorios de la guerra de Crimea en la década de 1850. El público se indignó y sus reportajes contribuyeron al colapso del gobierno, además de inspirar a Florence Nightingale y a otros a ir a Crimea para ayudar a los heridos en el campo de batalla.

1785

1821

1842

1855

1860

Precio y velocidad

Se necesitaban imprentas enormes y caras para competir en el negocio de los periódicos.

Los barones de la prensa

Los primeros años del siglo XX estuvieron dominados por los «barones de la prensa», propietarios de los principales periódicos. Estos empresarios adinerados tenían vínculos comerciales en todo el Imperio británico y utilizaban sus periódicos para extender su poder y sus intereses comerciales.

Daily Mail y *Daily Mirror*

En 1896, los hermanos lord Northcliffe y el vizconde Rothermere lanzaron el *London Daily Mail*. Se dirigía a la clase media-baja recién alfabetizada. Era más barato que la competencia, lo que era posible gracias a la publicidad. Durante la guerra de los bóeres de 1899-1902 vendió más de un millón de ejemplares al día. Lord Northcliffe lanzó más tarde el primer tabloide del mundo, el *Daily Mirror*, en 1903.

El *Daily Express*

Lord Beaverbrook se convirtió más adelante en el más destacado de los barones. Su periódico *Express* se convirtió en el de mayor tirada del mundo a principios del siglo XX. Durante la Primera Guerra Mundial lo nombraron primer «ministro de Información», encargado de los mensajes propagandísticos británicos.

En la década de 1920, los barones se metieron en política. Rothermere y Beaverbrook acabaron uniendo sus fuerzas para crear el «Partido del Imperio Unido» con el fin de defender sus intereses comerciales y los del Imperio británico.

1896

1903

1900

Tras las guerras, los periódicos se lanzaron a una carrera por ganar el mayor número de lectores. A menudo se abandonaban las noticias serias en favor de los cotilleos populares y los deportes.

Vizconde Rothermere   Lord Northcliffe   Lord Beaverbrook

La prensa libre

La democracia depende de una prensa libre. Como han defendido teóricos tanto de la izquierda como de la derecha, los votantes tienen que disponer de información completa sobre las acciones de sus gobiernos. También los consumidores tienen derecho a saber lo que hacen a puerta cerrada las empresas que apoyan. El público debe saber lo que se hace en su nombre —tanto lo bueno como lo malo— para que haya debates sinceros y un voto informado. Confiamos en los medios de comunicación para que descubran verdades incómodas y controlen a los que están en el poder. Sin embargo, hemos permitido que nuestros medios de comunicación sean propiedad casi exclusiva de multimillonarios. Esto ha llevado a algunas personas a preguntarse si es bueno que los empresarios sean propietarios de periódicos, dado el riesgo potencial de conflictos de intereses entre la libertad de expresión y sus intereses empresariales.

Desregulación

A partir de la década de 1980, el Reino Unido, Estados Unidos y otros países empezaron a relajar la regulación de los medios de comunicación. En 1987 se abolieron las leyes que garantizaban, entre otras cosas, la igualdad de tiempo en antena para los candidatos a cargos públicos. En 1996 se introdujo la Ley de Telecomunicaciones, que permitía a las empresas comprar los mercados de los medios de comunicación. Antes de la Ley, unas 50 empresas controlaban el 90 % de los medios de comunicación y las industrias del entretenimiento; hoy solo cinco o seis empresas controlan la misma cuota de mercado. En todo el mundo se han promulgado leyes similares.

Los periódicos de hoy

Hoy en día son los periódicos de Asia los que tienen las mayores tiradas. El *Yomiuri Shimbun* de Japón y el *Times of India* son algunos de los más leídos. En los últimos años, se han producido grandes cambios en los medios de comunicación. La propiedad de los medios se está consolidando aún más. Algunos de los periódicos más leídos en la actualidad son totalmente gratuitos. A menudo se reparten en las estaciones de metro de las grandes ciudades, y se financian solo con publicidad. Pero el mayor cambio con diferencia es el auge de las noticias en internet.

Tabloides

Los periódicos sensacionalistas son más pequeños y suelen centrarse en noticias sobre famosos, cotilleos y escándalos. Además de vender periódicos, los escándalos pueden moldear la opinión pública, sobre todo en política.

Noticias en línea

Desde mediados de la década de 1990, Internet empezó a sustituir a los periódicos como principal fuente de información de la gente, lo que provocó una drástica caída de las ventas de periódicos impresos. Esto se ha acentuado en los últimos años con el auge de las redes sociales. Estas nuevas formas de medios de comunicación están transformando la manera de producir y consumir noticias, y creando nuevos modelos de negocio para el periodismo.

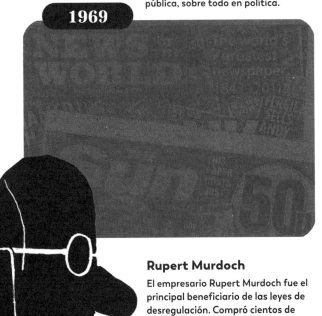

1969

Rupert Murdoch

El empresario Rupert Murdoch fue el principal beneficiario de las leyes de desregulación. Compró cientos de periódicos en todo el mundo, así como canales de televisión y otros intereses mediáticos.

Rupert Murdoch

1999

La fotografía

En el siglo XIX, París era la capital cultural del mundo. Acogía exposiciones que mostraban maravillas como la Torre Eiffel, y los artistas venían de todas partes para vivir y trabajar en la ciudad. Sin embargo, el mundo del arte sufrió una fuerte sacudida. La fotografía, quizá el invento más importante desde la imprenta, estaba a punto de cambiar la cultura visual para siempre.

Los comienzos de la fotografía

Durante los primeros días de la fotografía, distintos procesos competían entre sí. El daguerrotipo, una imagen única en una placa de metal inventada en Francia por Louis Daguerre, fue el más popular al principio. Más tarde, el científico inglés William Henry Fox Talbot inventó la primera fotografía impresa en papel, que acabó imponiéndose.

Fotoperiodismo

El público se quedó prendado de las fotografías de cosas que nunca había visto: personajes famosos sobre los que había leído, tierras y acontecimientos lejanos. Los fotógrafos empezaron a viajar para captar imágenes, y así nació el fotoperiodismo.

Las fotos de los recién fallecidos eran habituales. No se solía fotografiar a las personas, por lo que a menudo era la única forma de recordarlas.

1826

Esta es la primera imagen fotográfica del mundo. La tomó el inventor Nicéphore Niépce durante varios días de exposición desde su estudio en Francia.

1840

Este daguerrotipo es del propio Louis Daguerre. Los tiempos de exposición se redujeron de unos 20 minutos en la década de 1840 a 20 segundos en la de 1860.

La guerra de Crimea

A Roger Fenton y a Carol Szathmari se les considera los primeros fotoperiodistas de guerra por su trabajo en Crimea. Las fotos aún no podían imprimirse en los periódicos, así que las imágenes se mostraban en exposiciones itinerantes. No había fotos de acción, y las imágenes eran posadas, pero, a pesar de todo, las fotografías de los campos de batalla hicieron que el público tomara conciencia de la guerra por primera vez.

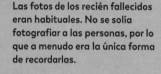

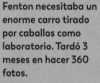

Fenton necesitaba un enorme carro tirado por caballos como laboratorio. Tardó 3 meses en hacer 360 fotos.

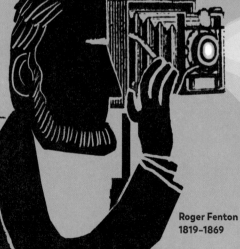

Roger Fenton
1819–1869

1850

El arte moderno

Antes de la invención de la fotografía, el trabajo de los artistas consistía en registrar visualmente los acontecimientos y plasmar retratos. El bajo coste de la fotografía en comparación con los retratos pintados formales hizo que los artistas ya no pudieran competir de la misma manera. A partir de la década de 1860, algunos artistas empezaron a experimentar con nuevas formas de expresión, y así nació el arte moderno.

1936

Impresión de fotos

La invención del proceso de semitonos en la década de 1880 permitió imprimir imágenes fotográficas por vez primera. De repente, las fotos pasaron a formar parte de la vida cotidiana, y empezaron a aparecer en periódicos, revistas y carteles.

THE NEW YORKER

1925

T I M E

Life

La revista *Life* se relanzó en 1936 centrándose en la fotografía. Esta imagen del Día D es de uno de los fotógrafos de guerra más conocidos, Robert Capa, que más tarde perdió la vida en Vietnam. *Marie-Claire*, *Elle* y más tarde, en 1965, *Cosmopolitan* se convirtieron en algunas de las publicaciones más vendidas del mundo.

1923

En 1913, la revista *Vogue* empezó a publicar fotografías del primer fotógrafo de moda, el barón Adolph de Meyer.

National Geographic

National Geographic no tardó en destacar por sus ensayos fotográficos de alta calidad sobre lugares lejanos.

V O G U E

1888

1913

MARIE-CLAIRE ELLE

1937

1945

LUMIÈRES

CINEMATOGRAPHE

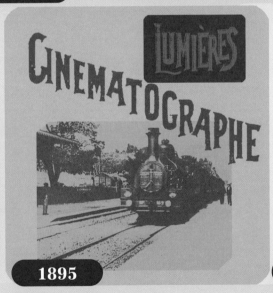

Charlie CHAPLIN
...in One of the Funniest Comedies of All Time!
"CITY LIGHTS"

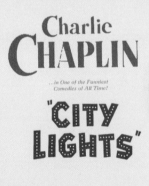

1870

Eadweard Muybridge hizo estudios de movimiento a finales de la década de 1870 utilizando por primera vez varias cámaras.

1895

Los inicios del cine

Se probaron distintas formas de proyectar películas. El inventor estadounidense Thomas Edison (pág. 87) creó los «quinetoscopios», cabinas privadas donde un solo espectador podía ver cortometrajes. En Francia, los hermanos Lumière proyectaban películas en salas oscuras llamadas «cinematógrafos». El público se quedaba boquiabierto ante películas tan sencillas como la llegada de un tren a una estación. El cinematógrafo causó furor.

1890-1920

Cine mudo

Se produjeron películas mudas desde finales de la década de 1890 hasta finales de la década de 1920. Las primeras cámaras necesitaban luz solar intensa para funcionar, por lo que decidieron ubicar los estudios cinematográficos en California. La industria cinematográfica estaba empezando, y su epicentro no era París, Londres o Nueva York: era Hollywood.

La propiedad intelectual

Hace unos siglos, surgió una nueva idea: la idea de ser dueño de la información. Hoy en día hay tres formas distintas de poseer información: mediante patentes, derechos de autor y marcas comerciales. Estas «propiedades intelectuales» han cobrado tanta importancia que en la actualidad representan alrededor del 40 % de la economía estadounidense. Pero ¿cómo surgió esta idea de propiedad?

Censura

En la mayoría de los países, los derechos de autor empezaron como censura. A partir de la década de 1640, Inglaterra experimentó grandes cambios políticos, y la industria editorial se consideró una amenaza para el gobierno. En 1662, el gobierno aprobó una ley por la que los editores debían solicitar una licencia para imprimir un libro. Si el gobierno concedía esta licencia, ese editor tendría un copyright, o derecho de autor, sobre el mismo, por lo que sería ilegal que cualquier otro editor publicara ese libro en concreto.

Los derechos de autor de los libros

Con el tiempo, las leyes de censura empezaron a relajarse. Sin embargo, los editores no querían renunciar a sus valiosos derechos de autor y querían mantener la ley en vigor, alegando las ventajas de los derechos de autor para el autor mismo. En 1710 se aprobó el «Estatuto de la reina Ana», que permitía a los editores conservar sus derechos de autor. También ampliaba este *copyright* a los autores para que tuvieran la propiedad de su obra.

La ley era beneficiosa para el gobierno, pero también para los editores. Si tenían los derechos de autor de un libro popular, les resultaba muy lucrativo.

Derechos de autor para las imágenes

William Hogarth fue uno de los artistas plásticos más conocidos de su época. Sus obras se vendían como láminas impresas. Sin embargo, muchos impresores hicieron copias no autorizadas de su obra. Hogarth y otros artistas presionaron al gobierno para que aprobara la Ley del Grabado en 1735, que les concedía derechos de autor durante 14 años.

1662

1710

1735

Patentes

Si una invención es innovadora, puede optar a la protección mediante una patente. Esto permite que el inventor tenga derechos exclusivos sobre su invento durante un tiempo limitado y, a la vez, permite que el invento se haga público. La República de Venecia estableció los primeros sistemas de patentes conocidos.

La primera patente

Se cree que la primera patente de la que se tiene constancia es de 1421, cuando Florencia concedió una al ingeniero Filippo Brunelleschi por un método para transportar piezas de mármol. Se le concedieron tres años de uso exclusivo de su técnica. Más adelante, durante la Revolución Industrial, los industriales presionaron para que se reforzaran los sistemas de patentes.

Brunelleschi diseñó la cúpula de la catedral de Florencia. Fue la inspiración para muchos edificios de renombre: la catedral de San Pedro, la de San Pablo y el Capitolio de EE. UU.

Filippo Brunelleschi 1377-1446

William Hogarth 1697-1764

Marcas comerciales

Las marcas para identificar a los fabricantes existen desde la antigüedad. Sin embargo, no fue hasta el siglo XIX cuando se empezó a reconocer la importancia de las marcas y se luchó para protegerse de las infracciones. Hoy, gran parte del valor de una empresa reside en su marca. Coca-Cola, por ejemplo, no tiene una patente sobre su receta. Otros fabricantes pueden hacer bebidas de cola similares, pero no pueden infringir la marca registrada.

Debajo de estas líneas, la primera marca registrada: el triángulo rojo de Bass and Co. Pale Ale.

TM ®

1876

¿El *copyright* es algo bueno o no?

Se dice que la protección de la propiedad intelectual fomenta la innovación, pero gran parte de su historia sugiere lo contrario. Hoy en día, los derechos de autor duran 70 años tras la muerte del creador. Esto beneficia a las grandes empresas de medios de comunicación, no a los innovadores sin recursos. ¿Se pueden rediseñar las leyes de derechos de autor para que recompensen el trabajo de los innovadores y beneficien a la sociedad en su conjunto? Algunos grupos, como el movimiento *copyleft*, han propuesto que el *copyright* sea más justo.

Los derechos de autor en EE. UU.

No había mucha protección de los derechos de autor en Estados Unidos a principios del siglo XIX porque había muy pocos creadores estadounidenses de éxito en aquella época y la sociedad estadounidense disfrutaba de ideas y libros europeos más baratos y libres de derechos.

Charles Dickens

Charles Dickens fue quizá el escritor más famoso de su época. Se vendieron millones de ejemplares de sus libros en EE. UU., pero no ganó nada con ellos. Habló abiertamente de los derechos de autor durante toda su vida, pero la ley no se modificó en vida del autor.

Leyes de *copyright* de EE. UU.

Hacia finales del siglo XIX, Estados Unidos pasó de ser un importador de obras protegidas por derechos de autor a ser un exportador, y se convirtió en el principal ejecutor de la ley de *copyright* en todo el mundo. En la actualidad, casi la mitad de la economía estadounidense procede de la protección intelectual de los derechos de autor. China ha seguido el ejemplo desde entonces, con una trayectoria casi idéntica: de ser un territorio sin *copyright* en la década de 1980 a aplicar la protección de los derechos de autor en la actualidad.

Términos del *copyright*

Walt Disney creó *Steamboat Willie*, la primera película de animación del mundo con sonido sincronizado, en 1928. En ella aparecía el personaje parlante Mickey Mouse. Mickey causó sensación en todo el mundo, y Disney produjo muchas más películas con él. A la empresa Walt Disney le preocupaba que los 14 años de derechos de autor de su personaje se acabaran pronto, así que presionó al gobierno estadounidense para que ampliara el plazo. El término del *copyright*, apodado «Ley de Protección de Mickey Mouse», dura ahora 70 años tras la muerte del creador.

Los derechos de autor en la actualidad

Hoy en día, los derechos de autor vuelven a estar en tela de juicio. Las empresas de redes sociales recopilan nuestros datos personales y la IA cosecha enormes cantidades de contenido sin permiso.

Richard Stallman

El informático Richard Stallman desarrolló el concepto de *copyleft* (véase el recuadro superior) y el movimiento del software libre. El sistema operativo GNU/Linux también fue creado por Stallman en 1984. Es el sistema operativo más utilizado del mundo.

1845

«Solo así podemos proteger la propiedad intelectual; los esfuerzos de la mente, las producciones y los intereses son tan propios de un hombre... como el trigo que cultiva o los rebaños que cría».

Sentencia del Tribunal de Massachusetts

1928

Los derechos de autor de Mickey Mouse expiraron finalmente en 2024. Walt Disney fue un pionero de su época. Ganó más premios Óscar que ninguna otra persona.

1984

1909

La marca de *copyright* se introdujo en 1909 como abreviatura del «aviso de *copyright*». Los libros siguen utilizando el aviso de *copyright*; puede verse en las primeras páginas de este libro.

**Charles Dickens
1812-1870**

**Walt Disney
1901-1966**

**Richard Stallman
1953-**

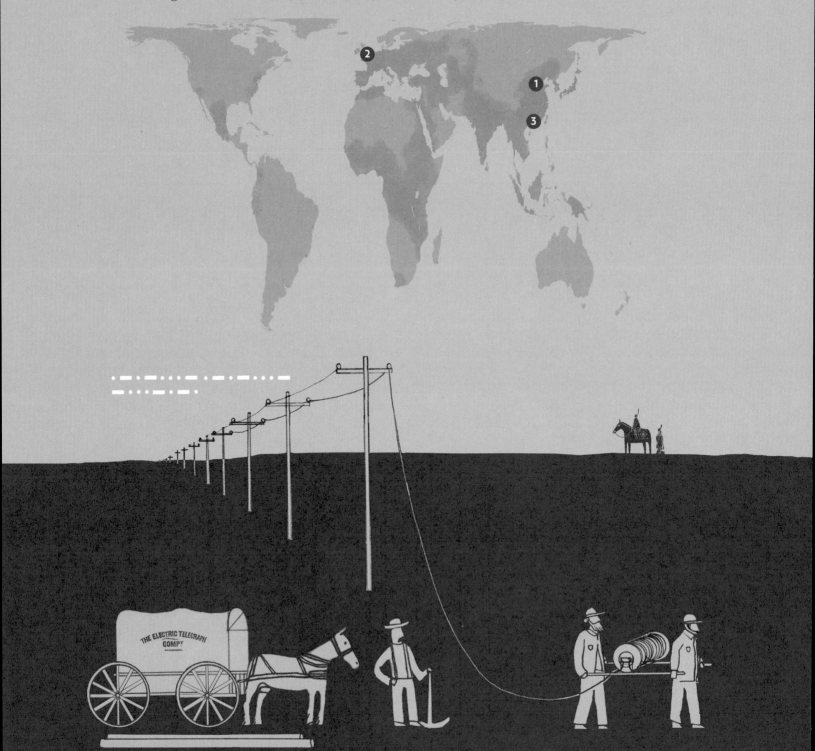

1800

Población mundial estimada: 970 millones

Ciudades más grandes: 1. Pekín (1,1 millones), 2. Londres, 3. Cantón

LAS REDES

"«No pasaría mucho tiempo antes de que toda la superficie de este país se canalizara para aquellos nervios que deben difundir, a la velocidad del pensamiento, un conocimiento de todo lo que está ocurriendo en toda la tierra, haciendo, de hecho, un barrio de todo el país».

Samuel Morse

El correo postal

Las redes de mensajería existen desde la antigüedad, pero solo la realeza podía enviar correo con estos primeros sistemas. Se enviaban órdenes reales a todo el reino o bien mensajes diplomáticos a tierras extranjeras. Sin embargo, a medida que se fueron desarrollando redes nuevas, empezaron a abrirse al público y se creó el sistema postal.

Mensajería antigua

Los primeros mensajes se transportaban a pie o a caballo. Era un trabajo lento y agotador. Alrededor del año 500 a. C., el Imperio persa (Irán) creó el sistema de mensajería más sofisticado de la época. Las estaciones de correos estaban separadas por una distancia de un día de viaje (250 km) a través de una red que iba de Grecia a la India. La ruta principal, llamada «Camino Real», tardaba 90 días en recorrerse, pero un mensaje solo tardaba nueve días.

Todos los caminos llevan a Roma

Roma copió el sistema persa y lo denominó «*cursus publicus*». Era esencial para el funcionamiento del Imperio romano. Construyeron 80 000 km de carreteras de gran calidad para facilitar la mensajería rápida. Hasta los tiempos modernos, la red de carreteras y la red de comunicaciones eran una misma cosa.

Redes mercantiles

Las redes mercantiles empezaron a surgir por toda Europa a finales de la Edad Media. A diferencia de los sistemas de mensajería real, estas redes transportaban mensajes a cambio de una tarifa. Las rutas comerciales, como la Ruta de la Seda entre Europa y Asia, llevaban mensajes además de seda y otras mercancías.

La diligencia

Hacia 1650, los carruajes o diligencias empezaron a llevar pasajeros. Era la forma más rápida de viajar hasta que se construyó el ferrocarril a mediados del siglo XIX. Sin embargo, sus horarios y rutas regulares los convertían en blanco de los atracos de los bandoleros, que secuestraban a los pasajeros adinerados.

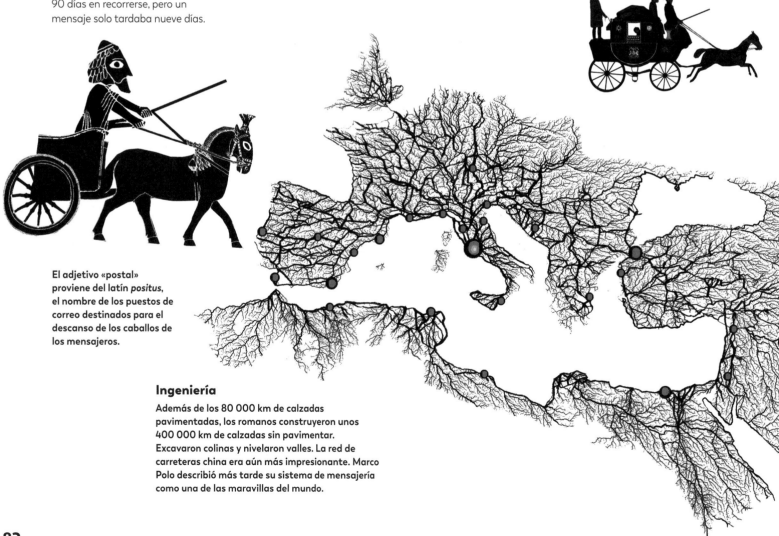

El adjetivo «postal» proviene del latín *positus*, el nombre de los puestos de correo destinados para el descanso de los caballos de los mensajeros.

Ingeniería

Además de los 80 000 km de calzadas pavimentadas, los romanos construyeron unos 400 000 km de calzadas sin pavimentar. Excavaron colinas y nivelaron valles. La red de carreteras china era aún más impresionante. Marco Polo describió más tarde su sistema de mensajería como una de las maravillas del mundo.

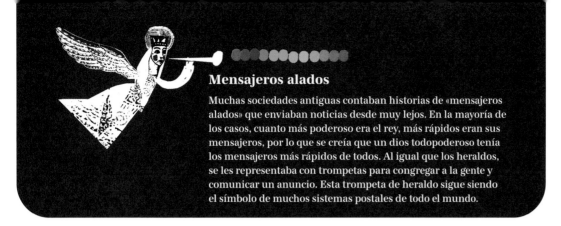

Mensajeros alados

Muchas sociedades antiguas contaban historias de «mensajeros alados» que enviaban noticias desde muy lejos. En la mayoría de los casos, cuanto más poderoso era el rey, más rápidos eran sus mensajeros, por lo que se creía que un dios todopoderoso tenía los mensajeros más rápidos de todos. Al igual que los heraldos, se les representaba con trompetas para congregar a la gente y comunicar un anuncio. Esta trompeta de heraldo sigue siendo el símbolo de muchos sistemas postales de todo el mundo.

El sistema postal moderno

Las redes ferroviarias aceleraron enormemente la entrega postal, pero el sistema era complicado y caro. Los precios dependían de muchos factores, como el peso, el destino y la ruta elegida. Esto suponía un problema especial para el enorme Imperio británico, que enviaba correo a todo el mundo. Una reforma postal radical en 1840 simplificó y abarató el proceso.

Los primeros sellos

Como parte de esta reforma, se introdujo el «sello» de correos. Una carta se cobraba a un penique (alrededor de una libra hoy en día). Esto hizo que el correo fuera barato y fácil de enviar. Se popularizó la escritura de cartas y el volumen de correo aumentó drásticamente. En los 20 años siguientes, otros 90 países siguieron el sistema de tarifa plana prepagada. Entre todos, crearon el sistema postal moderno.

Correo masivo

La tradición de enviar tarjetas de Navidad empezó poco después de que aparecieran los sellos. Se animaba a la población a utilizar el sistema postal. El Día de San Valentín, tal como lo conocemos hoy, fue en gran medida una invención del sistema postal para fomentar el envío de tarjetas. Los anunciantes también empezaron a enviar correo no solicitado.

**Alfred Russel Wallace
(1823–1913)**

Charles Darwin

Charles Darwin fue un prolífico escritor de cartas. Escribió a más de 2000 personas de todo el mundo, incluidos geólogos, biólogos e incluso criadores de palomas. Tenía una teoría sobre cómo había evolucionado la vida, pero pasó años retrasando su publicación.

Alfred Russel Wallace

En 1858, Darwin recibió una carta de Indonesia enviada por el naturalista Alfred Russel Wallace. En la carta, Wallace describía a Darwin su teoría de la evolución. Para horror de Darwin, era la misma que la suya. Darwin publicó inmediatamente la teoría y acreditó también a Wallace. La teoría de ambos es considerada por muchos el mayor descubrimiento científico de todos los tiempos.

El Royal Mail

En su apogeo, el Royal Mail británico gestionaba 4 millones de cartas al día solo en Londres, y los londinenses se quejaban si su carta no era entregada en cuestión de horas. A principios de la Primera Guerra Mundial, el Royal Mail era el mayor empleador de Gran Bretaña. Sin embargo, para entonces, el correo empezaba a ser reemplazado por una tecnología radicalmente nueva: el telégrafo.

**Charles Darwin
(1809–1882)**

El telégrafo

La introducción del telégrafo causó un gran revuelo en la sociedad. Antes de esta época, la velocidad de los mensajes era la de un caballo o un tren, algo no muy distinto de la antigüedad. Sin embargo, con el telégrafo, la información podía enviarse al instante. Los mensajes transatlánticos más rápidos, que antes tardaban más de cinco días, ahora tardaban 0,3 segundos.

Telégrafo óptico

El precursor del telégrafo fue el telégrafo óptico o «semáforo». Impulsado por el ingeniero francés Claude Chappe, el sistema funcionaba transmitiendo mensajes entre torres por medio de la vista. Los operadores utilizaban telescopios y retransmitían las señales con banderas. En tiempos de Napoleón se instaló una red de cientos de kilómetros por toda Francia. Sin embargo, tenía muchas limitaciones, por lo que se propuso una alternativa que utilizaba la electricidad.

Morse

Los primeros sistemas de telégrafo eléctrico de la década de 1830 utilizaban varios cables que accionaban cada uno un puntero para deletrear palabras. Samuel Morse propuso un sistema mucho más sencillo con un solo cable, y lo demostró públicamente en 1844. Con una secuencia de puntos y rayas podía deletrear números y letras. Su sencillo sistema acabó convirtiéndose en la norma internacional.

Agencias de prensa

Los telegrafistas enviaban y recibían noticias. Pronto se crearon las agencias de prensa o servicios telegráficos. Havas/Agence France-Presse (1835), Associated Press (1846) y Reuters Telegram Company (1851) recopilaban noticias y las enviaban por telegrama a los periódicos. La objetividad era un gran argumento de venta para estas empresas, ya que vendían a distintos países con políticas distintas. Los hechos, como las citas y los resultados deportivos, podían ser utilizados por todos. El público quedó fascinado con estas noticias mundiales instantáneas. Muchos periódicos empezaron a utilizar «telégrafo» en sus nombres.

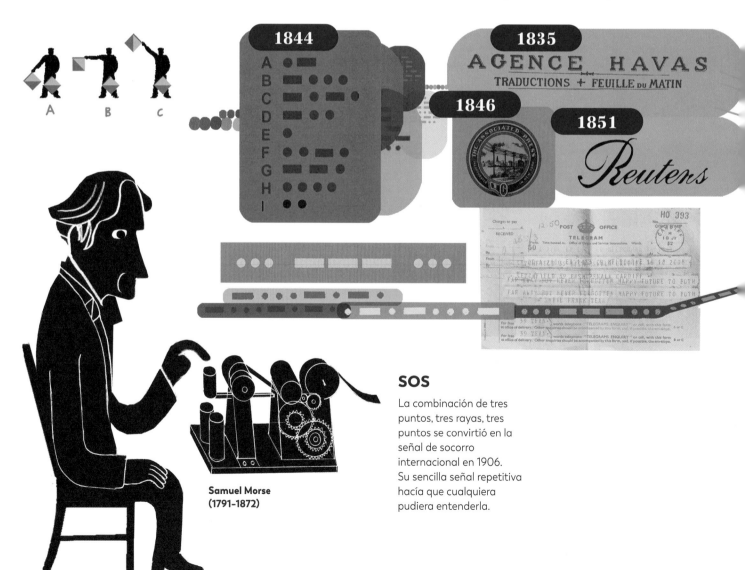

**Samuel Morse
(1791–1872)**

SOS

La combinación de tres puntos, tres rayas, tres puntos se convirtió en la señal de socorro internacional en 1906. Su sencilla señal repetitiva hacía que cualquiera pudiera entenderla.

Unificación de la hora

Nueva York · **Londres** · **Moscú** · **Pekín** · **Tokio** · **Sídney**

Antes de la llegada del ferrocarril, cada ciudad trabajaba con su propia hora local. Esto era un problema para los viajes en tren, ya que el sistema ferroviario necesitaba relojes precisos por motivos de seguridad. Sin embargo, la expansión de las redes telegráficas aportó la solución. A partir de la década de 1850, los relojes se ajustaron mediante señales horarias enviadas desde Greenwich (Londres) a toda Gran Bretaña. Las normas horarias internacionales se enfrentaron a un problema similar: la comunicación se hacía instantánea en todo el mundo y, por tanto, se necesitaba una hora mundial. En 1884, en una conferencia internacional celebrada en Washington DC se acordó fijar los husos horarios mundiales.

Conectar el imperio

Gran Bretaña, como centro del mayor imperio del mundo, invirtió mucho en el tendido de cables y subvencionó a empresas para que conectaran el imperio por telégrafo. Un cable tendido bajo el canal de la Mancha en 1850 transmitió con éxito varios mensajes, pero falló a las pocas horas. En 1858, se tendió un enorme cable submarino de miles de kilómetros para conectar Europa con América. También falló a las pocas semanas, pero los cables se tendieron de nuevo y pronto el mundo entero estuvo conectado por telégrafo.

El mercado de valores

Cuando los mensajes pudieron enviarse a distancia, no tardó en circular el dinero. Western Union empezó siendo una empresa telegráfica, pero pasó a dedicarse a las transferencias de dinero a larga distancia. La telegrafía por cable se convirtió en una gran ayuda para los negocios, ya que las inversiones en mercados lejanos podían hacerse por telegrama. En la década de 1860 aparecieron los primeros teletipos de bolsa; se trataba de una máquina de impresión telegráfica que transmitía información sobre el precio de las acciones en tiempo real a través de las líneas telegráficas. El teletipo bursátil de las noticias financieras de la televisión actual deriva de estos teletipos.

Así, se estimuló el comercio mundial y el mercado bursátil experimentó un auge durante un tiempo. Sin embargo, los precios cayeron de repente en la Bolsa de Nueva York en octubre de 1929. Las líneas telegráficas que transportaban la información financiera no pudieron seguir el ritmo de las ventas frenéticas.

Electrificar la voz

Enviar mensajes por telégrafo no era fácil. Había que codificar y descodificar los mensajes. Los ingenieros creían que pronto habría una forma de electrificar la voz. Así pues, en las décadas de 1860 y 1870 los ingenieros e inventores se lanzaron a una carrera. Todos intentaban resolver el enigma: «¿Cómo se puede convertir el sonido en electricidad?».

¿El fin de la guerra?

La gente había imaginado que la comunicación instantánea acabaría con la guerra para siempre. Sin embargo, no fue así. De hecho, se dice que el estadista prusiano Otto Von Bismarck inició la guerra franco-prusiana con un telegrama en 1870.

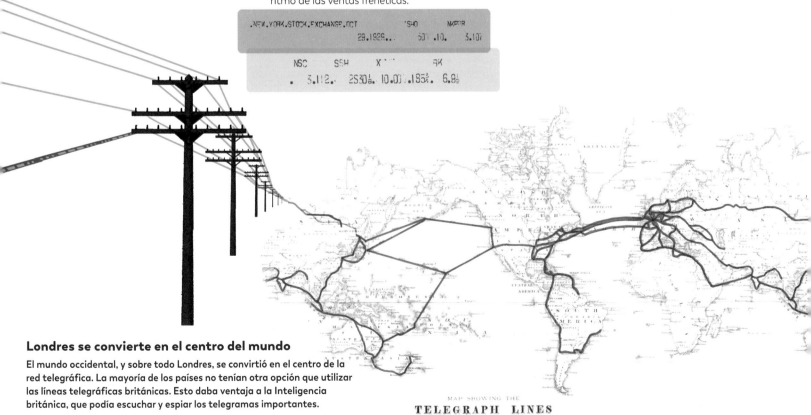

Londres se convierte en el centro del mundo

El mundo occidental, y sobre todo Londres, se convirtió en el centro de la red telegráfica. La mayoría de los países no tenían otra opción que utilizar las líneas telegráficas británicas. Esto daba ventaja a la Inteligencia británica, que podía escuchar y espiar los telegramas importantes.

MAP SHOWING THE
TELEGRAPH LINES

El teléfono

Inventores e ingenieros compitieron para crear una forma de que los hilos del telégrafo transportaran la voz humana. El inventor escocés Alexander Graham Bell fue el primero en patentar uno. Llamó a su dispositivo «el telégrafo armónico».

1876

La patente más valiosa de la historia

Alexander Graham Bell tenía un interés personal en ayudar a las personas sordas a comunicarse. Tanto su madre como su esposa eran sordas, y él mismo trabajaba como profesor de niños sordos. Estaba experimentando con la transmisión eléctrica del habla, y patentó un dispositivo en 1876, el mismo día que uno de sus muchos competidores. Se dice que es la patente más valiosa de la historia. Fue impugnada por otros inventores durante muchos años, pero en realidad, como casi todos los inventos modernos, el teléfono no fue producto de un solo inventor, sino del trabajo combinado de muchas personas.

1880–1890

Los primeros teléfonos

Tras la invención de Bell, empezaron a instalarse redes telefónicas. En las décadas de 1880 y 1890 se crearon las primeras centrales telefónicas, que permitían a los usuarios conectarse entre sí a través de una centralita gestionada por operadores humanos. Las redes se expandieron rápidamente, se reutilizaron los cables telegráficos para el uso telefónico y se tendieron nuevas líneas.

El teléfono de Bell utilizaba un diafragma que vibraba a partir de ondas sonoras. Convirtió estas ondas en una corriente eléctrica. La corriente eléctrica se enviaba por un cable a un aparato receptor que la volvía a convertir en sonido.

Alexander Graham Bell (1847-1922)

«Hola. Operadora. Número, por favor». La mayoría de las telefonistas eran mujeres. Fue uno de los primeros trabajos comerciales que se permitió a las mujeres.

En 1891, el inventor estadounidense Almon Brown Strowger inventó la primera central telefónica automática.

La industria discográfica

En 1877, el inventor estadounidense Thomas Edison inventó el fonógrafo, una máquina que podía grabar sonido y reproducirlo. Fue un producto derivado de su investigación sobre el teléfono. Las formas de onda de las vibraciones sonoras se grababan en la superficie de un disco giratorio llamado «disco». Para reproducir el sonido grabado, una aguja reproductora recorría la superficie y producía ondas sonoras. Hasta entonces, la música solo se tocaba en lugares públicos; ahora, las actuaciones llegaban al comedor de casa. Escuchar música pregrabada se convirtió en un pasatiempo popular a mediados de la década de 1890. Pronto, estas grabaciones comerciales dieron origen a la industria discográfica.

1910–1930

Conmutación automática

A medida que crecía el número de líneas telefónicas, las centrales telefónicas se volvieron demasiado complejas para los operadores humanos. En 1915 se introdujo en EE. UU. la primera central telefónica automática con tecnología de disco giratorio, que permitía a los usuarios marcar directamente los números. Los sistemas de conmutación automática empezaron a sustituir a los manuales.

1930–1950

Llamadas de larga distancia

Las llamadas de larga distancia eran todo un desafío técnico. Las líneas telefónicas no se pueden hacer más largas sin más y dotarlas de amplificadores para amplificar el sonido cuando este es demasiado débil. Si se hace esto, los amplificadores aumentan el ruido de fondo y, al cabo de un rato, todo pasa a ser ruido de fondo. Claude Shannon, matemático, trabajó en cómo mejorar esto.

En los años 60, el uso de satélites empezó a allanar el camino para los teléfonos móviles.

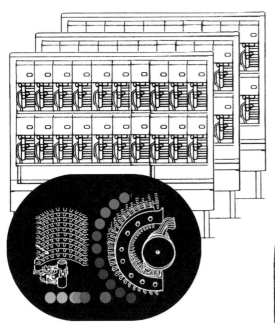

La primera llamada telefónica transatlántica se hizo en 1927 entre EE. UU. e Inglaterra utilizando ondas de radio.

1948

Una teoría matemática de la comunicación

Claude Shannon se dio cuenta de que la forma más eficaz de enviar información por una línea telefónica es cuando puede representarse en forma binaria: un cero o un uno. Esta unidad de información más simple se llama «bit». En 1948 escribió un artículo titulado «Una teoría matemática de la comunicación», en el que presentaba su idea. Las formas de onda se podían convertir en bits para que se transformaran en formas de onda digitales. Al enviarse digitalmente, los sonidos podían transmitirse a largas distancias sin pérdida de calidad. La idea de Shannon es la base de todas las comunicaciones digitales actuales. Se le recuerda como el padre de la teoría de la información.

Claude Shannon (1916–2001)

Población mundial estimada: 1.600 millones

Ciudades más grandes: 1. Londres (6,4 millones), 2. Nueva York, 3. París

La TV vivió un rápido auge en EE. UU. En 1950 muy pocas personas tenían un televisor, pero en 1960 el 80 % de los hogares tenían uno, y lo veían una media de cinco horas al día. Por este motivo, fueron sobre todo los EE. UU. los pioneros de la TV, y los programas estadounidenses se exportaron a todo el mundo.

RADIO Y TELEVISIÓN

«Cuando digo que el telediario entretiene pero no informa, estoy diciendo algo mucho más grave que el hecho de que se nos está privando de información auténtica. Perdemos el concepto de lo que significa estar bien informado».

Neil Postman

Los inicios de la radio

Las ondas de radio fueron descubiertas en 1888 por Heinrich Hertz. Los ingenieros pronto se dieron cuenta de que estas ondas podían utilizarse para enviar información de forma inalámbrica. Esto sería de especial utilidad para los barcos, que hasta entonces no tenían forma de comunicarse. En la década de 1890, Nikola Tesla y Guglielmo Marconi consiguieron las primeras patentes inalámbricas.

1890–1910

Radio naval

EE. UU. y Gran Bretaña tenían las armadas más importantes en esa época. Ambos invirtieron en el sistema de Marconi. Sin embargo, los primeros en ponerlo en acción fueron los japoneses. Durante la batalla de Tsushima en 1905, se dice que los japoneses derrotaron a los rusos en gran parte porque pudieron maniobrar mejor que ellos utilizando la radio. Todas las grandes potencias navales adoptaron la radio poco después. La radio comercial tardó más en despegar.

1910

Telegrafía inalámbrica comercial

En 1912, dos empresas, Marconi y Telefunken, eran los dos únicos operadores inalámbricos comerciales. El Titanic tenía una «sala Marconi», con dos empleados que se ocupaban de los mensajes inalámbricos. El sistema inalámbrico, sin embargo, era un servicio comercial para pasajeros adinerados, y no estaba preparado para retransmitir avisos de navegación. De hecho, la tripulación había recibido avisos sobre el iceberg durante el día en que se hundió, pero no se los comunicó al capitán.

Cuando el Titanic chocó con un iceberg, se enviaron mensajes de socorro. Fue una de las primeras veces que se utilizó la llamada de SOS. Muchos la oyeron, pero, por desgracia, no los barcos que estaban más cerca.

«SOS. Llamada a todas las estaciones. Aquí el Titanic. Venid inmediatamente. Hemos chocado con un iceberg».

1912

El rescate

Otro barco, el Carpathia, acudió al rescate del Titanic, pero tardó tres horas y media en llegar. Las 712 personas que finalmente se salvaron le debieron la vida a la radio. Fue una demostración pública tanto del poder como de los fallos de la radio. Cuatro meses después se aprobó la Ley de Radio de 1912. Convirtió la señal de SOS en la llamada de socorro oficial y exigió a los operadores de radio que mantuvieran una alerta constante.

Emisiones

Siempre se había pensado en la radio como una comunicación bidireccional, como el teléfono, y así la utilizaban la marina y los grandes navíos. Sin embargo, a los jóvenes adolescentes aficionados les fascinaba esta tecnología. Se construían sus propios receptores de radio y disfrutaban escuchando las comunicaciones de barcos lejanos. La radiocomunicación funciona con dos dispositivos: un transmisor y un receptor. Un transmisor es muy caro de fabricar, pero un receptor se puede hacer con bastante facilidad y a bajo coste.

Esto implicó algo revolucionario: en lugar de una herramienta de comunicación bidireccional, la radio podía ser un vehículo de emisión y difusión. Un transmisor podía emitir a miles de receptores dentro de su alcance. Este descubrimiento fue obra de adolescentes. De hecho, no es algo inusual; muchas innovaciones en la comunicación empezaron con adolescentes. Los primeros ordenadores, internet y las redes sociales fueron fruto de pioneros adolescentes que trasteaban con las nuevas tecnologías.

1920

Radioaficionados

Los adolescentes quedaron prendados de la radio. Los aficionados construían sus propios receptores para escuchar las comunicaciones marítimas solo por diversión. Con el tiempo, los fabricantes empezaron a hacer radios para el público. Algunos fabricantes, como Marconi y Westinghouse, empezaron a organizar «programas» de radio como reclamo publicitario para incentivar la venta de sus aparatos.

Los primeros programas de radio

Los primeros programas de radio eran muy sencillos. Los operadores leían titulares del periódico o invitaban a grupos de música a tocar. Pronto, los programas adoptaron formatos distintos: música, variedades, discursos y sermones, ópera, deportes, noticias, el tiempo, y lo que más éxito cosechaba: las radionovelas. La BBC empezó a emitir en 1922. Pronto le siguieron revistas como *Radio Times*.

Competencia

La radio no tardó en hacerse popular, pero el ancho de banda era limitado. Solo unas pocas emisoras podían emitir en una zona sin causar interferencias a otras señales. La competencia no tardó en surgir y los aficionados tuvieron que competir con las emisoras profesionales. Al final, tenían que profesionalizarse o cerrar.

Amos 'n' Andy

El programa más popular de los inicios de la radio en EE. UU. era *Amos 'n' Andy*. Lo protagonizaban dos hombres blancos que se hacían pasar por personajes negros, y contenía muchos estereotipos ofensivos y racistas. Empezó como programa nocturno a partir de 1928 y fue el más popular durante décadas. En su apogeo, los cines incluso interrumpían las proyecciones nocturnas de películas para poner el programa de *Amos 'n' Andy* para el público. Como otros programas, estaba patrocinado. Continuó hasta 1960.

1928

La primera emisión de la BBC comenzó con: «Londres al habla».

1922

THE RADIO TIMES
THE OFFICIAL ORGAN OF THE B.B.C.

Algunos radioaficionados de la costa este de EE. UU. oyeron las llamadas de SOS del Titanic, pero no pudieron hacer nada para ayudar.

La radio en EE. UU.

La radio despegó rápidamente en Estados Unidos. En aquella época, era un país rural. Los partes meteorológicos eran muy útiles para las comunidades agrícolas aisladas. Se hizo enormemente popular. El auge de la música country se relaciona con los primeros tiempos de la radio.

La era de la radio

La radio de los primeros tiempos era muy diferente a la de ahora; la gente se sentaba y la escuchaba con suma atención. Las tertulias se parecían más a los sermones de las iglesias que a los formatos de conversación a los que estamos acostumbrados hoy en día. Tenían un efecto hipnotizador. Empezaron a aparecer formatos de todo tipo: noticias, comedias, música y programas deportivos.

¿Quién paga la radio?

A medida que crecía la industria de la radio, surgió la presión de ganar dinero con las emisiones. Surgieron tres formas distintas de financiar la radio: estatal, comercial y pública.

Estatal

En gran parte de la Europa continental, la radio estaba financiada por el Estado, a menudo por Correos. Esto significaba que no solía tener publicidad ni presiones comerciales, pero el Estado controlaba la programación. Este modelo estuvo vinculado al ascenso de los gobiernos de extrema derecha en la década de 1930.

Comercial

En EE. UU., las emisoras transmitían programas de forma gratuita. Lo hicieron permitiendo que las empresas patrocinaran y produjeran los programas, y más tarde cobrando a las empresas por anunciarse. Empezaron a vender «tiempo» publicitario en 1922. Todo tipo de anunciantes compraban tiempo de antena, contratando con frecuencia a artistas populares para que pusieran voz a su publicidad. La NBC y la CBS se convirtieron en las dos grandes emisoras comerciales.

Pública

En Gran Bretaña, la radiodifusión se convirtió en un servicio público en 1927 con la creación de la BBC (British Broadcasting Corporation). Australia y Canadá siguieron este modelo. Cualquiera que tuviera un receptor de radio debía pagar una licencia. La BBC utilizaba los ingresos del canon para que los programas pudieran ser independientes de los anunciantes y del gobierno. Otros países también siguieron este modelo.

La Gran Depresión

En 1929, el mercado de valores estadounidense se desplomó, lo que dio lugar a la llamada Gran Depresión. Casi uno de cada cuatro trabajadores estaba en paro. La gente tenía tiempo libre, pero menos dinero para gastar. La radio ofrecía entretenimiento, por lo que se convirtió en algo muy importante para muchas personas.

Discurso de odio

Al igual que los primeros periódicos azuzaban el miedo del público, las primeras radios también lo hacían. Sin embargo, los discursos son mucho más expresivos que los artículos. El auge del fascismo en Europa estuvo estrechamente vinculado a la radio. Y en EE. UU., Charles Coughlin, el «Sacerdote de la radio», daba sermones antisemitas a unas multitudes enormes. Uno de cada cuatro estadounidenses le escuchaba cada semana durante la década de 1930, lo que le convirtió en una de las figuras más influyentes del país.

1930   Mussolini, Hitler y Coughlin

Franklin D. Roosevelt
(1882-1945)

El presidente radiofónico

Hasta ese momento, la mayoría de los políticos pronunciaban discursos a voz en grito por la radio, como si estuvieran en un mitin. El presidente Roosevelt empezó a hablar directamente al público para tranquilizarlo cuando se temía que los bancos se hundieran durante la Gran Depresión. Explicó lo que ocurría con los asuntos de interés público en sus «charlas junto a la chimenea» de 1933 a 1944. Oírle hablar directamente a la gente de forma distendida hizo que el público sintiera por primera vez una conexión personal con su presidente. La Casa Blanca recibió cinco o seis veces más correo después de que empezara a hacer sus apariciones radiofónicas. Casi el 80 % del pueblo estadounidense sintonizó la radio para escuchar su discurso tras el ataque a Pearl Harbor en 1941. Este sigue siendo el récord para un discurso presidencial.

Índices de audiencia

En la década de 1940, se introdujo un sistema de índices de audiencia para poder contar el número de espectadores. Esto transformó la radiodifusión. Los anunciantes pagaban en función de las audiencias, así que había presión para aumentarlas. Los programas intentaban superarse unos a otros para atraer más audiencia. Se cancelaron los programas de interés especial en favor de aquellos programas de éxito que garantizaban una audiencia mayor.

El transistor

En 1956 llegó al mercado el transistor. Antes de esto, las radios eran grandes —del tamaño de una nevera— y caras, por lo que solo había una en casa que la familia escuchaba junta. Los transistores eran más pequeños y mucho más baratos. Ahora los adolescentes podían tener su propia radio, y tenían gustos muy distintos a los de la generación de sus padres.

Radionovelas

La publicidad patrocinó y produjo muchos programas de radio. Las radionovelas son un buen ejemplo. Las radionovelas eran seriales dramáticos que se emitían los días laborables por la tarde, dirigidos a las amas de casa que se dedicaban a las tareas domésticas mientras los escuchaban. Tomaron su nombre de los jabones y detergentes que patrocinaban los programas. En inglés se las empezó a llamar «*soaps*» porque los patrocinadores eran empresas de jabones y detergentes.

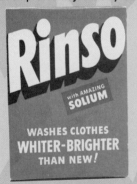

Noticias

El ataque a Pearl Harbor en 1941 ocurrió un domingo, un día en que no salían los periódicos. Fue una gran tragedia nacional que se comunicó por radio. Cuando EE. UU. entró en guerra, el público recurrió a las ondas en busca de noticias actualizadas. Esto marcó un punto de inflexión en el que las noticias instantáneas empezaron a debilitar el poder de los periódicos.

1941

Cultura juvenil

Surgieron nuevas emisoras de radio que emitían música para un público más joven. Había nacido el Rock 'N' Roll. El público juvenil tenía dinero y los anunciantes lo veían como los consumidores del futuro. La inyección de dinero publicitario dio lugar a una cultura totalmente nueva centrada en la juventud y la música. Los grupos de EE. UU. y Gran Bretaña, los pioneros de la radio, se convirtieron en un fenómeno mundial.

1956

Las primeras radios eran grandes y muy caras.

Los transistores se convirtieron en el aparato de comunicación más popular de la historia. Se vendieron más de 2000 millones.

La televisión

La televisión se estrenó con éxito en 1926, y las primeras emisiones comenzaron unos años más tarde. Los programas que ya se emitían por radio, como las radionovelas, los concursos y las comedias, se trasladaron rápidamente a la televisión, que pronto se volvió aún más popular que la radio misma.

La primera televisión

Al principio, la gente veía la televisión como hoy vemos el cine, en silencio y con las luces apagadas. Los patrocinadores creaban los programas y controlaban el contenido de cabo a rabo. El *Texaco Star Theater* fue el programa más visto en 1948. Patrocinado por Texaco, empezaba con un número de baile cantado por los empleados de las gasolineras Texaco. Uno de los primeros telediarios, *The Camel News Caravan*, estaba patrocinado por una marca de cigarrillos.

Máxima atención

En 1950, muy poca gente tenía un televisor, pero en cuestión de diez años, el 80 % de los hogares estadounidenses tenía uno. Los canales eran pocos, por lo que aproximadamente la mitad de los hogares con televisor veían los mismos programas al mismo tiempo, un momento llamado «pico de atención». *I Love Lucy* se estrenó en 1951 y se convirtió en un gran éxito. Su popularidad se debía al personaje principal, interpretado por Lucille Ball. Quedó claro que la TV era un medio hecho para las estrellas.

Dos de los programas más populares de los años 50 fueron *The Ed Sullivan Show* y *The $64,000 Question*. Más tarde se descubrió que este último y otros concursos estaban amañados.

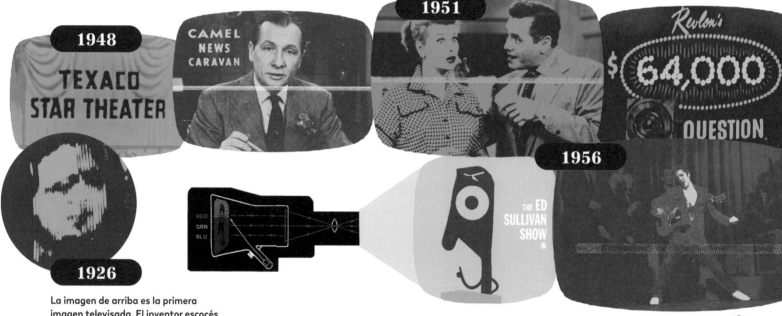

La imagen de arriba es la primera imagen televisada. El inventor escocés John Logie Baird demostró el principio de la TV en 1926 con poco más que luces de bicicleta, agujas de tejer y una caja.

¿El fin de la radio?

Cuando apareció la TV, la gente predijo la muerte de la radio. Esto no ocurrió, pero sí cambió la forma de escuchar. Las personas ya no se reunían para escucharla juntas. En su lugar, la radio se dejaba encendida de fondo mientras el oyente trabajaba o descansaba. Por aquel entonces, se estaban expandiendo los barrios periféricos y era muy popular escuchar la radio dentro del coche mientras se conducía. Se dejaron de emitir programas que requerían una atención plena en favor de la música y las tertulias de formato corto.

Los años 50 se conocieron como la década de la conformidad, quizá en parte porque todos veían los mismos programas de televisión.

El momento de máxima atención absoluta se produjo en 1956, cuando Elvis Presley, que ya era una sensación en la radio, apareció por primera vez en televisión. El 82,6 % de los telespectadores estadounidenses lo sintonizaron. Una cifra récord que no se ha batido jamás.

**John F. Kennedy
(1917-1963)**

El presidente televisivo

En 1960, hubo un debate televisado entre los candidatos presidenciales John F. Kennedy y Richard Nixon. La mayoría de las personas que escucharon los debates por radio dijeron que Nixon era el ganador, pero los que vieron el debate por TV se decantaron por Kennedy. Kennedy ganó por poco, y muchos atribuyeron la victoria a su aparición en TV. Parecía más joven y enérgico, y más seguro de sí mismo. Los comentaristas dijeron que parecía más «presidencial». Fue una de las primeras veces que se utilizó esta palabra. Las descripciones se centraban más en la ejecución que en el contenido.

Las nuevas noticias

La televisión dio lugar a otra era informativa. No todo el mundo leía periódicos, pero casi todo el mundo veía las noticias en la TV. La guerra de Vietnam fue la primera guerra televisada, y las imágenes que vieron los estadounidenses les impactaron.

1955-75

Walter Cronkite fue quizá el reportero más destacado de la guerra de Vietnam. A pesar de los intentos del gobierno de bloquear el acceso a las cámaras, las imágenes de los fallecidos y los heridos que se emitían cada noche por televisión hicieron que la mayoría del país se opusiera a la guerra.

Famoseo

Al contar con millones de seguidores, las personalidades más populares de los medios de comunicación llegaron a ser muy influyentes. Su presencia tiene el poder de transformar el éxito de las cadenas de TV, las películas y las revistas. En la era de la TV, la propia personalidad se volvió muy valiosa. Las pantallas del siglo XX crearon verdaderos iconos: Marilyn Monroe, James Dean, Muhammad Ali, los Beatles y muchos más.

Los Beatles

En 1967, la BBC creó *Our World*, el primer programa que se emitió en todo el mundo a la vez. Alrededor de 700 millones de personas lo sintonizaron: la mayor audiencia de la historia en aquella época. Se pidió a los Beatles que grabaran una canción para conmemorar el momento. Para protestar contra la guerra de Vietnam, los Beatles escribieron la canción *All You Need Is Love* e invitaron a muchas de las grandes estrellas de la época a cantar con ellos.

1967

Con más de 290 millones de discos vendidos, los Beatles siguen siendo los artistas que más discos han vendido de todos los tiempos. John Lennon, en particular, tenía una relación complicada con la fama, que utilizó para defender la paz y la justicia social. Sin embargo, fue la fama lo que acabó con su vida: un antiguo admirador le disparó y lo mató en 1980.

**John Lennon
(1940-1980)**

A través del cristal

La televisión se convirtió rápidamente en la principal —y a menudo única— fuente de información de la gente. Todavía hoy es la que más influye en la opinión pública. Su influencia lo configura todo, desde la cultura de los famosos hasta el funcionamiento de la política: todo se convierte en un programa de televisión.

La cultura pop

En 1941, un partido de béisbol cualquiera se convirtió en un hito televisivo histórico: antes del partido, se emitió el primer anuncio televisivo de la historia. La publicidad se convirtió en un modelo comercial mucho más exitoso que el patrocinio. Los programas de TV tenían más libertad editorial que si tuvieran un único patrocinador, y también podían ganar más dinero. A finales de los años 50, este se convirtió en el modelo dominante. Ver la televisión pronto se convirtió en una experiencia mundial. Los programas de TV estadounidenses, en concreto, se exportaron a todo el mundo y dieron forma a la cultura popular.

Primeras emisiones por satélite

Con las emisiones vía satélite, millones de espectadores de todo el mundo podían ver los mismos acontecimientos al mismo tiempo. En momentos de crisis, como el asesinato del presidente John F. Kennedy, la gente se reunía en torno al televisor en todo el mundo.

Discurso sobre el Estado de la Unión

El Discurso sobre el Estado de la Unión es un mensaje anual del presidente estadounidense que se ha pronunciado de diversas formas desde 1790. Se utiliza para informar a los poderes del Estado sobre el presupuesto, la economía, las noticias y otros asuntos de la nación. Sin embargo, una presentación seca de los datos puede hacer que un presidente parezca aburrido en pantalla. Por otra parte, la presentación de una política controvertida recibirá una fría acogida por parte del público. Nada de esto es bueno para un presidente. Ronald Reagan cambió el formato del discurso para presentar únicamente contenidos populares.

En 1958, 45 millones de espectadores sintonizaron el partido por el campeonato de la NFL, que se conoció como «el mejor partido jamás jugado». Su popularidad sentó las bases de la Super Bowl.

1963

1958

1969

1982

El mando a distancia se lanzó en la década de 1950, pero se generalizó en 1980. Junto con el creciente número de canales, cambió la forma de ver la televisión.

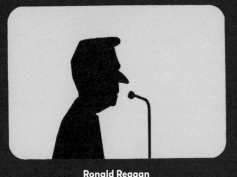

**Ronald Reagan
(1911–2004)**

El presidente «simpático»

En 1980, Ronald Reagan fue nombrado presidente. En una encuesta posterior a las elecciones, se preguntó a los votantes por qué le habían votado. La respuesta fue algo que los encuestadores no habían oído antes: decían que era «simpático». A diferencia de muchos otros políticos, Reagan se sentía cómodo ante las cámaras. Había sido locutor deportivo y actor, y empleaba técnicas inusuales para un político de la época. Cuando les pidieron a él y al presidente Carter que «dieran a los votantes un último mensaje», Carter respondió al entrevistador. Reagan, sin embargo, miró directamente a la cámara y se dirigió de frente al público. A partir de ese momento, la presencia televisiva tendría más peso que antes.

El momento Lenny Skutnik

En el Discurso de 1982, Reagan invitó a subir al escenario a Lenny Skutnik, un empleado del gobierno que había salvado a una mujer de morir ahogada. Reagan elogió a Skutnik como «el heroísmo americano en su máxima expresión». Recibió una gran ovación, y fue el momento culminante del discurso, lo que dio a Reagan un empujón de popularidad. Desde entonces, cada año se elige a un héroe estadounidense para que se siente en el escenario con el presidente en lo que se conoce como el «momento Lenny Skutnik».

Noticias 24 horas

En 1980 se lanzó la CNN, el primer canal de noticias 24 horas. En momentos de gran dramatismo, como la persecución en directo de OJ Simpson en 1994, la muerte de la princesa Diana en 1997 y los atentados del 11 de septiembre de 2001, consiguió enormes audiencias. Para mantener enganchado al público, hay presión para actualizar la historia con nuevos contenidos, aunque no haya más noticias. Es lo que se conoce como «ciclo de noticias». Otras cadenas, como Fox y Sky News, aparecieron poco después, y añadieron más leña al sensacionalismo.

Telerrealidad

La MTV tenía uno de los modelos de negocio más lucrativos de todas las cadenas. Les pagaban por emitir vídeos musicales y casi no tenían costes de emisión. Cuando la popularidad de los vídeos musicales empezó a decaer, quisieron seguir produciendo programas baratos. En 1992 lanzaron *The Real World*, un programa en el que varios veinteañeros compartían casa. Era adictivo de ver, pero costaba crear situaciones dramáticas entre personas sensatas. Con el tiempo, fueron contratando a huéspedes cada vez más provocadores.

1980–90

BIG BROTHER

2000–10

En 2000 se estrenaron *Gran Hermano* y *Supervivientes*. La telerrealidad pronto se expandió a todos los ámbitos posibles: programas de talentos, concursos de cocina, de negocios y mucho más.

24 HOURS LIVE NEWS

MUSIC TELEVISION

THE REAL WORLD

SURVIVOR

Desde 1991, los discursos sobre el Estado de la Unión han recibido una media de 80 aplausos.

Muchos actos políticos han cambiado para adaptarse a las audiencias televisivas. Debates, cumbres internacionales, visitas de Estado... todo lo que se televisa puede convertirse en una herramienta política para recabar apoyos para un gobierno.

Población mundial estimada: 6100 millones

Ciudades más grandes: 1. Tokio (30 millones), 2. Osaka, 3. Ciudad de México

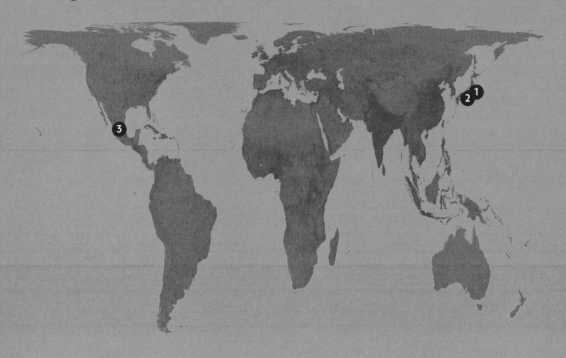

Cualquier tipo de comunicación puede tergiversar la verdad. Sin embargo, en la era de los medios de comunicación de masas, la desinformación ha pasado a ser más poderosa que nunca.

DESINFORMACIÓN

«La propaganda es a la democracia
lo que la porra es al estado totalitario».

Noam Chomsky

La propaganda

A finales del siglo XIX, la colonización estaba en su momento de máximo esplendor y las potencias imperialistas europeas dominaban el mundo. Las ventas de periódicos habían aumentado extremadamente y el crecimiento de los medios de comunicación de masas supuso una información masiva. Sin embargo, esto también conllevó una desinformación masiva. Surgía un nuevo campo: la propaganda.

Primeras formas de propaganda

Los monumentos de guerra y las impresionantes exhibiciones militares se han empleado desde la antigüedad. Muchos monumentos de guerra se construyeron o recibieron su nombre en honor a las batallas de Trafalgar y Waterloo en el siglo XIX, o en honor a lord Nelson y el duque de Wellington, quienes lideraron dichas batallas. Algunas caricaturas británicas representaban al emperador francés Napoleón como un hombre menudo, cuando en realidad era de estatura media para su época. Sin embargo, la propaganda de principios del siglo XIX dio lugar a este mito popular que persiste hoy en día.

Principios de 1800

El imperialismo

El imperialismo era la política de utilizar la fuerza militar para aumentar el poder y la influencia de un país. El poder estatal y las empresas trabajaban juntas: los ejércitos invadían los territorios y después se establecían las industrias de exportación. Las capitales de Europa se convirtieron en las más ricas del mundo y Gran Bretaña pasó a ser el imperio más grande de la historia (estaba formado por un cuarto de la Tierra). Para controlar un territorio así, el Imperio británico necesitó un gran ejército, ya que se encontraba en estado de guerra de forma casi constante. Sin embargo, las potencias coloniales también requerían sistemas de difusión de mensajes en los medios de comunicación nacionales para justificar las guerras en el extranjero.

Divide y vencerás

Se aprovecharon las divisiones étnicas y religiosas para enfrentar a las personas y que no pudiesen unirse y derrocar a los gobernantes imperiales. Muchos de los conflictos de hoy en día derivan de esas divisiones. En colonias como Estados Unidos, se hicieron grandes esfuerzos para disuadir a las personas blancas de clase trabajadora de relacionarse con los esclavos que provenían de África. Si estos grupos se mezclaran, habría más posibilidades de una rebelión.

Grupos de presión

Hasta mediados del siglo XIX, la propaganda no fue necesaria. Si la marina necesitaba hombres, normalmente los reclutaban usando «cuadrillas de presión». En el momento de la batalla de Trafalgar, más de la mitad de los miembros de la Marina Real Británica eran hombres «presionados».

La Europa imperial era profundamente desigualitaria. Mientras que los colonizadores eran muy ricos, las personas de la clase trabajadora eran muy pobres y tenían pocos derechos.

Algunos de los colonizadores más conocidos: Robert Clive, el rey Leopoldo II, sir Basil Zaharoff y Cecil Rhodes.

Tecnología militar

Puede que el factor principal que impulsó la carrera imperialista fuese la tecnología. Las potencias europeas habían desarrollado armas militares superiores y pudieron conquistar territorios más fácilmente. Algunas batallas se ganaron sin una sola baja europea. La invención de las armas automáticas y del alambre de púas permitió que unos pocos soldados pudiesen contener a una gran población; eso hizo que la colonización fuera más efectiva incluso. Esta carrera tecnológica se intensificó a finales del siglo XIX.

Racismo

La colonización generó enormes riquezas, así que para que continuase siendo así, en los medios se presentó a la población indígena de las colonias como incapaces de gobernarse a sí mismos. Se utilizaron relatos de ignorancia e incompetencia o acusaciones de crímenes para legitimar la colonización. Se usó el mito racista de que los europeos pertenecían a una raza superior para justificar la brutalidad de la esclavitud y la colonización.

Militarización

Para controlar las colonias hacía falta un ejército enorme, por lo que se ensalzaba a los militares, sobre todo entre los jóvenes blancos. Los generales eran nombres muy conocidos, como los atletas hoy en día. Lord Robert Baden-Powell y lord Kitchener fueron dos de los más famosos. Sus fotografías se imprimían en cartones de tabaco coleccionables.

En el siglo XIX, casi la mitad de los barcos mercantes del mundo ondeaban la bandera británica y estaban bajo la protección de la Marina Real Británica.

La ideología del racismo estaba al servicio de los intereses del imperialismo. Se extendió tanto que, a finales del siglo XIX, incluso a los judíos se les consideraba una «raza». Estas caricaturas racistas son demasiado ofensivas para publicarlas aquí.

Irlanda fue una de las pocas colonias en las que la población indígena era blanca. Sin embargo, al igual que otros sujetos coloniales, a menudo se les retrataba como salvajes.

La ciudad de Mafeking, en Sudáfrica, fue sitiada durante las guerras de los bóeres y copó los titulares durante meses. Al final fue liberada y Robert Baden-Powell, el líder del ejército, se convirtió en un héroe nacional. Más tarde escribió *Escultismo para muchachos*, que se convirtió en uno de los libros más vendidos del siglo XX. Su popularidad dio origen a las organizaciones de Boy Scouts y Girl Scouts.

CECIL RHODES

CIGARETTES

1899

EITHER · CONQUER · OR · DIE

Lord Robert Baden-Powell

Gen. Lord Kitchener
CIGARETTES

Un ejército de más de cinco millones de hombres protegía los intereses coloniales británicos por todo el imperio. Solo en la India británica, hubo 196 regimientos de infantería diferentes, cada uno con su propio uniforme.

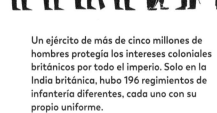

**Lord Herbert Kitchener
(1850–1916)**

Un mundo en guerra

A finales del siglo XIX, aumentó la rivalidad entre las potencias europeas. La pugna por nuevos territorios desencadenó una carrera armamentística. Alemania, con un ejército de 4,5 millones de soldados, se convirtió en la mayor potencia militar del mundo. Gran Bretaña se había vuelto vulnerable con un pequeño ejército de 80 000 hombres en su territorio de origen. Se formó una alianza entre Francia y Rusia, pero las tensiones no hacían más que aumentar. Europa iba a entrar en guerra y, dado que Europa controlaba el mundo, significaba que el mundo entero entraría en guerra.

La Gran Guerra

Durante la Primera Guerra Mundial, el gobierno británico coordinó la divulgación de la información de una forma parecida a como se dirigía la propia campaña militar. Se instaló el «Ministerio de Información», que se considera la primera campaña propagandística.

El Ministerio de Información

Diferentes departamentos gubernamentales apoyaron el esfuerzo bélico, pero los mensajes se solapaban y contradecían. Al final, se creó el Ministerio de Información para coordinar dichos mensajes. Lo dirigía lord Beaverbrook, el editor de periódicos más poderoso del mundo. Londres era el centro mundial de las agencias de noticias y la prensa, lo que daba a Gran Bretaña una ventaja mediática.

Los cables telegráficos del mundo atravesaban Gran Bretaña. Una de las primeras acciones que Gran Bretaña llevó a cabo durante la guerra fue cortar los cables telegráficos submarinos de Alemania, con lo que acallaron su comunicación con el resto del mundo.

En Gran Bretaña se imprimieron 54 millones de carteles de reclutamiento durante la guerra. En muchos aparecía lord Kitchener, el secretario de Estado para la Guerra.

El reclutamiento militar

La presión social fue clave para los alistamientos en Gran Bretaña. A los hombres que estaban en la calle sin uniforme militar se les entregaba una pluma blanca, un símbolo de cobardía. Además, dado que tantos hombres se habían sacrificado, aquellos que no lo habían hecho sentían una gran presión. A menudo recibían ataques si no se habían alistado. En grandes lugares de trabajo, como las oficinas de correos, se reclutaba a los trabajadores de forma conjunta, al igual que en los pueblos, aldeas, clubes y equipos deportivos. Los que no se

La propaganda de la atrocidad

En las noticias se publicaban historias tan horribles como falsas y el gobierno británico redactó el «Informe Bryce» para registrar las atrocidades que cometía Alemania. Se considera que esto ayudó a que otros países, como Estados Unidos, entrasen en la guerra. Más tarde se descubrió que muchas de las declaraciones que contenía

La censura

Se censuraba cualquier noticia negativa que pudiese afectar a la moral. En 1918 estalló una pandemia de gripe muy grave. Aunque se cree que se originó en Estados Unidos, se la llamó «gripe española» porque solo España, que era neutral, informó sobre ella.

Implicación de Estados Unidos en el conflicto

Al comienzo de la guerra, Estados Unidos era un país neutral y el pueblo estadounidense se oponía a involucrarse en la guerra europea. También había una fuerte oposición a entrar del lado de los británicos. Los germano-americanos eran el grupo de ascendencia más numeroso en EE. UU., y no querían entrar en guerra con su país de origen. Sin embargo, los británicos creían que EE. UU. era crucial para la victoria y gran parte de su propaganda estaba dirigida a influir en el público estadounidense.

Los «hunos»

A los alemanes se les retrataba como los «hunos», unos bárbaros que destruían la civilización. Al derrotarlos, el mundo estaría en paz. «La guerra que acabará con todas las guerras» fue el eslogan de la guerra. Afirmaban que era necesario ir a la guerra para mantener la paz.

El comité de información pública

El gobierno de los Estados Unidos imitó al gobierno británico y lanzó su propia campaña para conseguir apoyo para la guerra. En un año, el «Comité de información pública» llegó a tener 150 000 empleados.

El cine

El cine fue una nueva y poderosa herramienta propagandística. Se suprimieron las películas antibélicas y se fomentaron aquellas que apoyaban a la guerra. *El káiser*, una película muda estadounidense, batió todos los récords de taquilla. Se promocionó intensamente y los anuncios decían: «Todos los proalemanes entrarán gratis».

En los cines, antes de las proyecciones, se solían pronunciar discursos a favor de la guerra. A los locutores se les llegó a conocer como «los hombres de los cuatro minutos», porque se creía que ese era el tiempo perfecto para transmitir un mensaje político.

THE **KAISER**
THE BEAST of BERLIN

To the Public:

keep your eye on the people around you. Should anyone make any remarks that you can construe as seditious or unfriendly to the United States

CALL THE POLICE

«Si la gente supiese realmente la verdad, la guerra terminaría mañana. Pero, claro está, ni la saben ni pueden saberla».

David Lloyd George, primer ministro británico.

La Primera Guerra Mundial fue la primera gran guerra en la que ambos bandos usaron armas modernas. Se utilizaron nuevas tecnologías como el avión, la guerra química, el alambre de espino, las ametralladoras, los tanques y las granadas, con terribles consecuencias. Murieron unos 20 millones de personas.

El resentimiento

Durante la guerra hubo tal sentimiento de rechazo hacia Alemania que muchas familias alemanas se cambiaron de apellido. Incluso la familia real británica se cambió el nombre. Su apellido era de Sajonia-Coburgo y Gotha hasta 1917, cuando se lo cambió a Windsor. La gente dejó de hablar alemán en Estados Unidos.

Las repercusiones

La mitad de todos los hombres aptos de Gran Bretaña se alistaron de forma voluntaria. Los gobiernos de todo el mundo tomaron nota, y la propaganda pasó a tener una gran influencia en el resto del siglo XX. Un veterano de guerra austriaco escribió con gran admiración sobre la propaganda británica, alegando que debía ser sencilla, repetitiva y dirigida a las masas. Se llamaba Adolf Hitler.

El nazismo

El control total sobre los medios de comunicación que ejerció la Alemania nazi en los años 30 y 40 no tuvo precedentes. Sus atrocidades —el asesinato deliberado e industrioso de millones de inocentes— se consideran el acto más depravado que haya cometido jamás ningún estado. ¿Cómo pudo pasar algo así?

Alemania en 1930

Tras su derrota en la Primera Guerra Mundial, Alemania fue severamente castigada. Se le exigió que renunciara a parte de su territorio en Europa y a todas sus colonias en ultramar, y que pagara miles de millones a modo de compensación. La economía alemana se hundió y un tercio de los hombres se quedaron en paro. En medio de la terrible agitación económica y política, los partidos de derechas empezaron a ganar apoyos. El pueblo alemán buscaba respuestas y alguien a quien culpar.

La cinta magnética

La tecnología de la cinta magnética se desarrolló en Alemania en la década de 1930. Era habitual grabar los discursos y reproducirlos después. Esto no se descubrió hasta que la guerra acabó.

Adolf Hitler

Un joven político de derechas, Adolf Hitler, escribió un libro muy vendido llamado *Mein Kampf* (Mi lucha). Era un manifiesto sobre cómo se había convertido en un hombre cada vez más antisemita y militarista. Escribió sobre cómo la propaganda, al igual que la publicidad, necesita ante todo llamar la atención, limitarse a unos pocos puntos y repetirlos una y otra vez. Sin embargo, puede que su mayor reflexión fuera la creencia de que es más difícil persuadir a la gente con la lógica que con la emoción.

Mítines

En 1919, Hitler pronunció su primer discurso público ante una multitud en una cervecería. Unos pocos meses después, encabezaba un acto electoral de 2000 personas. Todos sus discursos seguían una estructura parecida. Empezaban con un silencio, que rompía con historias personales de mucho dolor y su desesperación por la derrota de Alemania. Luego, cada vez más furioso, empezaba a hacer reproches. En un final increíblemente intenso, gritaba un torrente de odio hacia el pueblo judío. Terminaba con un llamamiento a la grandeza renovada y a la unidad nacional.

El saludo nazi

La respuesta entusiasta del público puede reforzar un mensaje y desatar el frenesí en la multitud. Un buen amigo de Hitler que era estudiante de la universidad de Harvard sugirió un cántico parecido a «Pelea, Harvard, pelea». Se cree que se adaptó al tristemente conocido «*Sieg, Heil, Sieg*», con el famoso saludo «*Heil Hitler*» al final. Los cánticos y los saludos ayudaron a crear unos efectos dramáticos muy potentes. El discurso de Hitler «¿Por qué somos antisemitas?» fue interrumpido 58 veces por los vítores.

La raza aria

Hitler estuvo muy influenciado por *La caída de la gran raza*, un libro escrito por el estadounidense supremacista blanco Madison Grant. Hitler se refería a este libro pseudocientífico como su «biblia» y se basó en él para escribir parte de su libro *Mein Kampf*. La raza de la que hablaba Grant era una mítica «raza nórdica». La idea de «raza aria» procedía en gran parte de ella.

La culpa

No solo se culpó al pueblo judío de los problemas que tenía Alemania, sino también de la guerra misma. Al igual que todas las ideologías de la extrema derecha, el poder nazi residía en la furia y la culpa, como se puede observar en los carteles propagandísticos como el que aparece a continuación:

«¡La guerra es culpa suya!».

La esvástica

Este antiguo símbolo aparecía en piezas de cerámica de muchas grandes civilizaciones. Hitler lo eligió como forma de sugerir un linaje racial relacionado con las grandes civilizaciones.

Las juventudes hitlerianas

Los grupos de escoltas, *scouts*, se prohibieron en 1933. En su lugar, se animó a los jóvenes a unirse a las «juventudes hitlerianas».

El receptor del pueblo

El gobierno alemán subvencionó la fabricación de radios para que todas las familias pudiesen permitirse una.

«Todos los alemanes escuchan al *führer* con El receptor del pueblo».

La manipulación de los medios

En 1933, Hitler se hizo con el poder y creó el Ministerio de Propaganda. Su director, Joseph Goebbels, se centró en difundir los discursos de Hitler para que llegasen a toda la población. La clave de la campaña fue la radio. Para mantener enganchados a los oyentes, consistía principalmente en entretenimiento musical ligero mezclado con algo de material político. Esto, sin embargo, desembocaba en un gran discurso llamado «Momento nacional». Así se introdujo la ideología del partido nazi en la vida cotidiana de casi todos los alemanes.

La mayor audiencia de la historia

La radio se puede apagar o se puede cambiar de emisora. La respuesta del ministerio ante eso fue «la guardia de la radio». Los fieles al partido se aseguraban de que todos el mundo tuviese la radio encendida. Cada vez que se emitía el «Momento nacional», se detenía todo el trabajo y la guardia de la radio llevaba a la gente a salas de escucha especiales. En esos momentos, se estima que la voz de Hitler llegaba a un 70 % de la población: 56 millones de personas; en aquella época, era la mayor audiencia de la historia con diferencia.

Las repercusiones

Tras la derrota de los nazis en la Segunda Guerra Mundial, emergió el horror enfermizo de lo que había ocurrido. El término «propaganda» adquirió un significado negativo. Sin embargo, las técnicas de persuasión que se habían desarrollado durante la guerra no desaparecieron. Al contrario. Solo encontraron un nuevo mercado. En lugar de servir a objetivos militares, servirían a intereses comerciales.

La publicidad

La publicidad ha existido desde la antigüedad, pero empezó a crecer sobremanera durante el siglo XIX. Para el siglo XX, los anunciantes empezaron a usar técnicas de persuasión psicológicas más sofisticadas y se convirtió en una de las industrias más grandes del mundo.

Los primeros anuncios

Los primeros anuncios de los periódicos eran de libros; el espacio sobrante podía anunciar otros artículos que el impresor tuviese a la venta. Cuando la popularidad de los periódicos aumentó, los anuncios más habituales eran de «remedios para todo». En Estados Unidos, los anuncios de «aceite de serpiente» fueron muy populares. Los vendedores ambulantes eran habituales a principios del siglo XIX, pero tras la llegada de la compra por correo, tuvieron la posibilidad de vender a través de la prensa.

Eslóganes y marcas

El ritmo y la repetición hacían que las marcas fuesen fáciles de recordar, y las canciones publicitarias pegadizas, los eslóganes repetitivos y las mascotas memorables hacían que las marcas fuesen reconocibles y se diferenciasen de la competencia. Los primeros anuncios describían los productos como necesarios y daban argumentos lógicos sobre por qué el producto era bueno. A veces se denomina a estos anuncios como «anuncios por qué». Sin embargo, eso cambió tras la Primera Guerra Mundial.

Crear el deseo

En los años veinte, tras la Primera Guerra Mundial, se empezaron a utilizar técnicas emocionales y psicológicas. A menudo, se inspiraba miedo o vergüenza y se ofrecía un producto como solución. Los anuncios también intentaban relacionar a las marcas con emociones positivas, como la libertad o la felicidad, aunque tuviese poco que ver con el propio producto. Con la aplicación de estos métodos, la publicidad había descubierto un mercado ilimitado. Y así nació la «cultura del consumo».

Finales del s. XIX

El aceite de serpiente adquirió muy mala fama. El aceite Clark Stanley no solo no tenía beneficios médicos, sino que en realidad ni siquiera contenía aceite de serpiente.

La mayoría de las empresas de remedios para todo cerraron cuando se aprobaron las leyes en 1906.

1900–1920

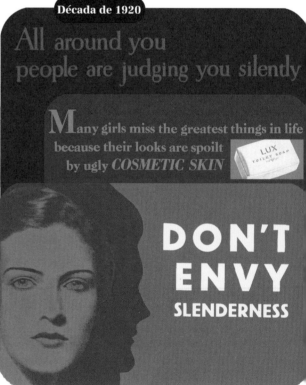

Década de 1920

Propaganda

El término «anuncio» proviene de la palabra latina «annuntius» y significa «anunciar o hacer saber algo». En muchos idiomas europeos, se utiliza el término «propaganda».

Las vallas publicitarias surgieron en la década de 1830. Hoy en día hay más de 350 000 millones solo en Estados Unidos.

El glamur

Las revistas que presentan estilos de vida glamurosos lo tienen más fácil para llenar espacios publicitarios, porque es más probable que la gente reaccione a la publicidad después de leer determinados artículos. Las revistas tienden a ser brillantes y glamurosas.

El Papá Noel con traje rojo y blanco lo popularizó Coca Cola en 1931. Antes vestía de verde.

La Navidad

La Navidad es la época más lucrativa del año para muchos fabricantes. Sin embargo, ¿de dónde viene esta celebración? La tradición de dar regalos es anterior al cristianismo. La fiesta romana de los Saturnales se celebraba intercambiando regalos de broma. Los regalos caros no estaban bien vistos; cuanto más barato fuese el regalo, más fuerte se decía que era el vínculo de amistad que representaba. Era la fiesta más popular del calendario romano. Cuando Roma se convirtió al cristianismo, los líderes religiosos no podían prohibirla sin que hubiera una reacción negativa, así que la tradición se mantuvo. Aun así, no fue hasta el siglo XX cuando la Navidad se convirtió en la fiesta consumista que es hoy. Si el público está pensando en la Navidad al ver un anuncio, este es más efectivo, por lo que es más caro anunciarse cerca de estas fiestas.

Grupos de sondeo

George Gallup fundó el Instituto Norteamericano de Opinión Pública en 1935. Los sondeos de opinión que llevaba a cabo recogían muestras de distintos grupos de personas para usos tanto comerciales como políticos. Durante la Segunda Guerra Mundial, la efectividad de la propaganda también se midió con grupos de sondeo.

La edad dorada de la publicidad

Desde los años 60 a los 80, la publicidad en la televisión y las revistas alcanzó su mayor esplendor. La industria tabacalera fue la verdadera pionera de la publicidad en todo el mundo. Se cree que la campaña del «Hombre Marlboro» es la más exitosa de la historia. David Ogilvy llegó a ser conocido como uno de los mejores redactores publicitarios del sector. Había trabajado para Gallup, y destacaba por su cuidadoso análisis del público objetivo.

Relaciones públicas

La gente empezó a prestarle menos atención a la publicidad, por lo que en vez de pagar a una revista para que publicasen un anuncio, los anunciantes buscaron formas de pagar a la revista para que escribiese artículos positivos sobre ellos. A los productores de cine también se les paga para que muestren algún producto o transmitan alguna idea. Esto se conoce como «relaciones públicas».

1935

AMERICAN INSTITUTE OF PUBLIC OPINION

"At 60 miles an hour the loudest noise in this new Rolls-Royce comes from the electric clock"

Años 60 – 80

Come to where the flavor is.

Cuando aparecieron los cigarros con filtro, se les consideró tabaco para mujeres. Marlboro representaba un estereotipo masculino y fuerte para convencer a los hombres. Pasaron de tener un 1 % de ventas a ser la cuarta marca más vendida en Estados Unidos en un año.

1984

El patrocinio

Los Juegos Olímpicos de 1984 en Los Ángeles, EE. UU., fueron los precursores del concepto de acuerdos de patrocinio. Ese año recibieron una financiación récord que allanó el camino para el patrocinio de otros grandes actos públicos. Ese mismo año, la empresa de calzado Nike inició un acuerdo de patrocinio histórico con el famoso jugador de baloncesto Michael Jordan.

El cine

El cine era una plataforma muy importante para la publicidad, y no solo por los cortes publicitarios. Las empresas de tabaco pagaron a muchos actores de Hollywood, desde las *femme fatales* más famosas hasta John Wayne, para que fumasen en las películas.

HAVE IT YOUR WAY

JUST DO IT

THINK DIFFERENT

BECAUSE YOU'RE WORTH IT

OFFICIAL SNACK FOOD OF THE 1984 OLYMPICS

Relaciones públicas

Después de la Primera Guerra Mundial, los estrategas de la propaganda centraron su atención en el trabajo comercial. La persuasión podía usarse no solo como una herramienta de venta, sino como una manera de desviar las críticas, moldear la opinión pública e incluso cambiar las leyes.

El Temor Rojo

La campaña de relaciones públicas de mayor alcance del siglo XX fue la dirigida contra los sindicatos y la lucha obrera. En una campaña conocida como el «Temor Rojo», se infundió miedo al comunismo y se acusó a personajes destacados de simpatizar con el comunismo. Las campañas en EE. UU. fueron financiadas por la Agencia Central de Inteligencia (CIA), mientras que en el Reino Unido las dirigió el Departamento de Investigación de la Información (IRD) y otras agencias.

Mujeres y tabaco

Hasta principios del siglo XX, había un tabú hacia las mujeres que fumaban. La empresa tabacalera Lucky Strike contrató a Edward Bernays para cambiar eso. Su empresa pagó a modelos para que se pusiesen delante de una manifestación sufragista y fumasen. Las imágenes de mujeres fumando conmocionaron al público. En esa época, las mujeres jóvenes anhelaban la libertad, y las noticias vincularon el tabaco con la liberación. En los años posteriores, las mujeres empezaron a fumar tanto como los hombres.

Los coches en las ciudades

Cuando los coches llegaron a las ciudades, también lo hicieron las muertes en carretera. El público dirigió su rabia hacia los conductores y se propusieron duras restricciones en las ciudades. Los fabricantes de coches intervinieron para desviar la culpa a los peatones e hicieron campañas para apartarlos legalmente de la carretera. El concepto de jaywalk (cruzar la calle de forma imprudente) se acuñó por primera vez en los materiales de relaciones públicas de los fabricantes de coches. Después se hizo ley.

Envases de usar y tirar

La campaña «*Keep America Beautiful*» ayudó a reducir la basura en un 88 % en todo EE. UU., pero, en el fondo, se trataba de un ejemplo de «*astroturfing*». La campaña fue financiada de forma encubierta por empresas del sector de los envases y las bebidas, incluida Coca Cola. En aquel momento, estas empresas estaban cambiando el vidrio retornable por el plástico de un solo uso, lo que provocaba más basura. El estado de Vermont respondió prohibiendo los envases de usar y tirar. La campaña se creó tras esta prohibición porque a los envasadores les preocupaba que otros estados hicieran lo mismo. En lugar de hacer sostenibles sus negocios, la campaña trasladó la responsabilidad de la basura a los ciudadanos.

1920 BELIEVE IN YOURSELF! / An Ancient Prejudice Has Been Removed

1929 Antes de que hubiera las leyes contra el cruce imprudente, los peatones tenían tanto derecho a estar en la carretera como los coches. DON'T JAY WALK / WATCH YOUR STEP

1950 A CLEAN SWEEP / KEEP AMERICA Beautiful / DON'T BE A LITTERBUG

1970 La campaña «*Keep America Beautiful*» convirtió la expresión «*litterbug*» (cochino, marrano) en una palabra de uso habitual. GET INVOLVED NOW. POLLUTION HURTS ALL OF US. / People start pollution. People can stop it.

En 1953, el estado de Vermont aprobó el «proyecto de ley de la botella», cuyo objetivo era prohibir la venta de envases no reutilizables. La campaña «*Keep America Beautiful*» comenzó ese mismo año.

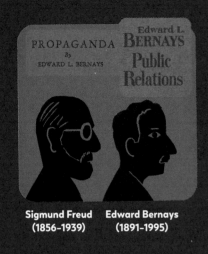

Sigmund Freud
(1856–1939)

Edward Bernays
(1891–1995)

De la propaganda a las relaciones públicas

El término «relaciones públicas» lo acuñó Edward Bernays, que trabajó para la unidad de propaganda de Estados Unidos durante la Primera Guerra Mundial. En 1928, escribió un libro sobre técnicas de persuasión titulado *Propaganda*. En 1945, cuando la propaganda había adquirido un significado negativo, escribió otro libro titulado *Relaciones públicas*. Fue el padre de muchas de las campañas publicitarias más influyentes de la historia. En la campaña de lanzamiento de los primeros vasos de cartón introdujo por primera vez el miedo a las bacterias. Para una empresa del sector cárnico, popularizó el desayuno «básico» de huevos con beicon. Incluso ayudó a destituir a un gobierno. La United Fruit Company le contrató para volver al pueblo guatemalteco en contra del gobierno de su país. Cuando lograron destituir al gobierno e instauraron uno dirigido por una empresa de fruta, el país pasó a conocerse como una «república bananera». Bernays era el sobrino del psicoanalista Sigmund Freud y aplicó las teorías psicoanalistas de su tío a las relaciones públicas. Por otro lado, también empleó ese conocimiento de las relaciones públicas con su tío para ayudarle a comercializar y popularizar sus teorías, sobre todo en Estados Unidos.

Negación del cambio climático

Cuando se sugirió por primera vez que las emisiones de CO_2 de la industria de los combustibles fósiles estaban provocando el cambio climático, algunos miembros del sector contrataron a las mismas empresas de relaciones públicas que la industria tabacalera, y crearon grupos como la «Coalición Mundial por el Clima» y el «Consejo de Información para el Medio Ambiente» para cuestionar la ciencia climática. A principios del siglo XXI, la concienciación sobre el cambio climático era cada vez mayor y la presión iba en aumento. Las relaciones públicas cambiaron entonces de dirección. Hubo menos negacionismo y más *greenwashing* (lavado de imagen verde).

El *greenwashing*

En los años 2000, las empresas petroleras apostaron fuerte por el lavado de imagen verde. BP lanzó una campaña para animar a la gente a reducir sus emisiones como individuos, cuando podría haberse centrado más en mejorar su propia huella de carbono. Fue responsable del mayor derramamiento de petróleo en el mar de la historia cuando, en 2010, una de sus plataformas petroleras, *Deepwater Horizon*, explotó. A pesar de eso, su lavado de imagen fue un gran éxito: un sondeo de mercado en el Reino Unido presentó a BP como una de las diez empresas más ecológicas. Incluso superó al grupo activista Greenpeace.

1970 – 1990

Años 2000

El término «huella de carbono» en realidad lo acuñó BP. BP contrató a la agencia de publicidad Ogilvy en 2004, quien atribuyó la responsabilidad a los consumidores.

BP, originalmente «British Petroleum», se autodenominó «Beyond Petroleum» (Más allá del petróleo) en el año 2000.

"«Creo que es, en muchas formas, el mayor crimen cometido tras la Segunda Guerra Mundial en todo el mundo. Las consecuencias de lo que han hecho son casi inimaginables... Es el equivalente moral de un crimen de guerra».

Al Gore, exvicepresidente de Estados Unidos, sobre la negación del cambio climático del sector de los combustibles fósiles.

Propaganda moderna

A menudo se afirma que nuestra prensa es libre y que puede publicar lo que quiera, de modo que en los medios de comunicación no hay propaganda. Sin embargo, la realidad es otra. Siempre está la tentación del engaño, y eso es así en todas las sociedades y en todas las formas de gobierno. Donde hay información, hay desinformación.

¿Cómo puede actuar la propaganda en una prensa libre?

En el libro *Los guardianes de la libertad*, Edward S. Herman y Noam Chomsky (pág. 9) afirman que, aunque en teoría existe la prensa libre, en la práctica lo que se publica sirve a los intereses de las grandes empresas y los gobiernos. ¿Cómo es eso posible? Ellos describen cinco maneras en las que la prensa se tergiversa: mediante la propiedad, el acceso, el miedo, la publicidad y las críticas.

Las críticas

Si un periodista o un informante revela una historia que es inconveniente para aquellos que tienen el poder, puede haber amenazas legales y, a veces, cambios en la ley. Puede haber acciones para desacreditarlos. Pueden difamar sobre su credibilidad o su vida privada o pueden inventarse historias que cambien la conversación. Cuando WikiLeaks (arriba a la derecha) empezó a publicar vídeos y documentos perjudiciales relacionados con la guerra de Irak, su fundador Julian Assange fue perseguido y encarcelado.

La propiedad

La mayoría de las empresas de medios de comunicación son grandes negocios con distintos clientes. Muchos negocios dependen también de contratos públicos. Aunque un periodista quiera publicar una historia impactante, el periódico para el que trabaja no deja de ser un negocio. Puede que un artículo no se publique si corre el riesgo de hacer perder dinero a la empresa.

El acceso

Los periodistas dependen de los contactos con las personas que tienen el poder para conseguir noticias. Si desafían o cuestionan a aquellos que tienen el poder, no tendrán acceso a ellos. Por otro lado, si un periodista le da a un político una cobertura positiva, es muy probable que este le conceda noticias exclusivas y más entrevistas.

El miedo

Un enemigo es muy útil a la hora de desviar la negatividad: alguien o algo a lo que culpar y temer. En la Alemania nazi eran los judíos. Se suele decir que, sin esa amenaza imaginaria, los nazis no habrían podido ascender al poder. Occidente ha tenido distintos enemigos desde el fin de la Segunda Guerra Mundial.

La publicidad

A menudo los medios de comunicación dependen considerablemente de la publicidad. Las empresas que se promocionan tienen intereses y relaciones comerciales, por lo que la amenaza de cancelar contratos de publicidad rentables hará que los medios de comunicación se lo piensen dos veces antes de publicar noticias críticas con ellas.

Daño colateral

Ataque de precisión

Fuerzas de seguridad

El lenguaje

La redacción es importante para presentar e interpretar las noticias. Las descripciones de acciones militares suelen redactarse para que parezcan menos graves de lo que son. Sin embargo, la violencia del enemigo se describe con un lenguaje cargado de emoción. Incluso a Martin Luther King Jr., que no era nada violento, se lo tachó de «terrorista».

1964

La guerra de Vietnam

Golfo de Tonkín

«Barco estadounidense atacado frente a Vietnam del Norte».

Mientras que algunas guerras y conflictos reciben cobertura diaria, de otros casi no se informa. Lo que se convierte en noticia lo deciden los editores y los propietarios de los medios de comunicación.

2002

La guerra de Irak

Armas de destrucción masiva

«Bush habla de una urgente amenaza iraquí».

«EE. UU. dice que Hussein intensifica la búsqueda de piezas para la bomba atómica».

Defender la guerra

La desinformación puede usarse para manipular la opinión pública o agravar los conflictos que provocan una guerra. Dos de las guerras más importantes de los últimos 60 años comenzaron con desinformación. La guerra de Vietnam se agravó por el supuesto ataque que recibió un barco estadounidense en el golfo de Tonkín, y la invasión de Irak sucedió después de que se afirmase que el país estaba desarrollando armas de destrucción masiva. Más adelante se demostró que ambas afirmaciones eran incorrectas.

WikiLeaks

Las revelaciones de WikiLeaks han sido muy perjudiciales para la reputación de muchos gobiernos y empresas de todo el mundo, pero de ninguno tanto como de Estados Unidos. Las filtraciones sacaron a la luz crímenes de guerra, encubrimientos e impactantes vídeos del ejército estadounidense en acción. Algunas filtraciones demostraban que Estados Unidos había estado espiando a personas, incluso a figuras importantes. Otras filtraciones revelaban que el ejército de Estados Unidos había intentado mantener en secreto el número de muertes civiles. Sus registros de Irak demuestran que sabían de 15 000 muertes de civiles más de las que informaron en realidad.

Julian Assange (1971–)

El auge del ejército estadounidense

Tras la Segunda Guerra Mundial, Europa quedó en ruinas y EE. UU. tomó el relevo como superpotencia militar mundial. EE. UU. gasta más en su ejército que los nueve países siguientes juntos. En la actualidad, el Departamento de Defensa estadounidense es, según muchos parámetros, la mayor entidad del mundo. Gestiona 750 bases militares en 80 países. Emplea a 2,9 millones de personas. En cambio, la mayor empresa del mundo, Walmart, tiene 2,1 millones de empleados, mientras que Amazon tiene 1,6 millones.

Hollywood

Las películas que ofrecen una representación positiva del ejército de Estados Unidos pueden recibir una subvención del Departamento de Defensa. Esto resultó ser tan rentable que a finales de los años 80 los productores de cine instaban a los guionistas a crear tramas relacionadas con el ejército. *James Bond, Air Force One (El avión del presidente), Transformers, Top Gun* y *Black Hawk derribado* son algunos ejemplos de las cientos de películas que se crearon de esta manera.

Tecnología militar

Hoy, ejército y tecnología van de la mano. Se destina una gran cantidad de financiación al ejército y gran parte se utiliza en el desarrollo de sistemas de alta tecnología. Los ordenadores, internet, el GPS y muchas otras tecnologías comenzaron como investigaciones militares estadounidenses que más tarde se pusieron a disposición de empresas privadas y consumidores. A veces se alude a esta asociación como el «complejo industrial militar». En muchos sentidos, conforma nuestro mundo actual. Veamos más detenidamente cómo se desarrollaron algunas de estas tecnologías.

La industria armamentística

Un solo portaviones cuesta 13 000 millones de dólares y los drones pueden llegar a costar 400 millones. La fabricación de armas es un negocio muy lucrativo. A veces, los gobiernos no pueden reducir el gasto militar porque la industria armamentística es un poderoso grupo de presión.

Población mundial estimada: 8100 millones

Ciudades más grandes: 1. Tokio (37 millones), 2. Delhi, 3. Shanghái

Los ordenadores y dispositivos digitales que utilizamos hoy en día se basan en la misma idea. Alan Turing, quien ideó este concepto, lo llamó la «máquina universal». A Turing se le considera el padre tanto de la ciencia computacional como de la inteligencia artificial. También codiseñó el primer juego de ordenador, un programa de ajedrez, en 1948.

ORDENADORES

«Esto es solo un anticipo de lo que está
por llegar y una sombra de lo que será».

Alan Turing, 1949

¿Cómo funciona un ordenador?

Un ordenador es una máquina que procesa información. Suma, multiplica y hace todo tipo de cálculos. Pero ¿cómo lo hace? ¿Cómo se crea una máquina que calcula?

Los bits

Si le pedimos a un ordenador que sume «1 + 2», este solo puede reaccionar a una orden sencilla que dice «encender» o «apagar». Esta orden se llama «bit». Un bit se escribe como 1 o 0 y representa el estado de encendido o apagado.

Los bytes

Los bits se combinan en grupos de ocho llamados «bytes». Un byte tiene 256 posibles combinaciones diferentes, que es información suficiente para contener una letra o un número. Los colores u otros datos pueden representarse con grupos más grandes de bytes.

Los circuitos

Usando únicamente los números 1 y 0, se pueden construir órdenes complejas que le dicen al ordenador qué hacer. Con circuitos formados por operaciones inteligentes llamadas «puertas lógicas», los bytes pueden sumarse, restarse, multiplicarse y hacer cualquier clase de operación matemática.

Los programas

Los conjuntos de órdenes que utiliza un ordenador se llaman «programas» y pueden llegar a ser muy complejos. En los años 60, ya había programas que tenían más de un millón de líneas de instrucciones. Aunque el ordenador solo entiende los 1 y 0, la información fluye como la electricidad a una velocidad cercana a la de la luz.

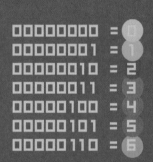

Esta puerta lógica suma el número 1 al número 2 y da 3 como resultado.

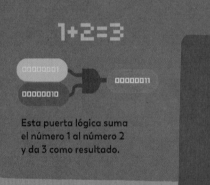

La velocidad

La gran ventaja de los ordenadores es la alucinante velocidad con la que funcionan. El programa IA AlphaZero de 2017 aprendió ser maestro de ajedrez en un día. Jugó 44 millones de partidas de ajedrez contra sí mismo en nueve horas.

Los lenguajes de programación

Los lenguajes de programación son sistemas utilizados para indicar a los ordenadores que ejecuten ciertas tareas. Sirven como medio de comunicación entre humanos y máquinas, y permiten a los programadores escribir código en un formato que pueda ser entendido y ejecutado por un ordenador. Los lenguajes tienen reglas específicas y una gramática que dicta cómo debe escribirse el código.

Grace Hopper

Grace Hopper fue una inventora y programadora informática pionera. Ayudó a desarrollar el primer lenguaje computacional y contribuyó de manera significativa al desarrollo de COBOL, uno de los lenguajes de programación más usados del mundo. También es conocida por popularizar el término «bug» (error de software), que literalmente significa *insecto* o *bicho*. En 1947, mientras intentaba arreglar un problema informático, un colega descubrió que un insecto de verdad —una polilla— se había quedado atascado en el ordenador. En la época de Hopper, los hombres dominaban el campo de la informática. Ella allanó el terreno para las mujeres en la tecnología. Sin embargo, hoy todavía queda mucho por hacer para asegurar la igualdad de género en este campo.

Grace Hopper (1906-1992)

El procesamiento

Los ordenadores modernos pueden procesar datos de forma muy rápida y precisa. En la actualidad, el ordenador más rápido es el supercomputador Frontier, del Departamento de Energía de Estados Unidos. Puede procesar 11 000 000 000 000 000 000 operaciones cada segundo. Es un millón de veces más rápido que la media de los ordenadores de mesa.

La visualización

Aunque un ordenador solo funciona con los números 1 y 0, debe convertir y exponer esa información de manera que sea comprensible para los humanos. Para ello, convierte los resultados que produce en colores y caracteres y los muestra en una pantalla para que los vea el usuario.

1Kb = 1000 bytes
1Mb = 1 millón de bytes
= 1000 millones de bytes
1Tb = 1 billón de bytes

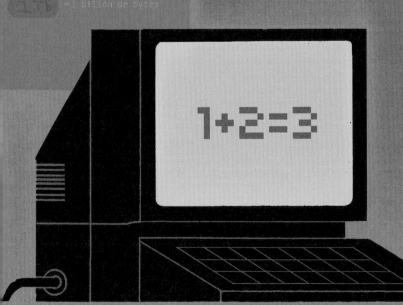

¿Cómo juega al ajedrez un ordenador?

El juego del ajedrez puede descomponerse en jugadas individuales, que se clasifican según su ventaja. El número total de movimientos posibles en una partida es inmenso y un humano jamás podría calcularlo. En cambio, un ordenador puede programarse para evaluar todos los movimientos posibles para varios turnos. A partir de ahí, puede evaluar la mejor estrategia y mover en consecuencia.

El cálculo de probabilidades para tres movimientos de ajedrez es aproximadamente 20x20x20, lo que da un total de 8000 combinaciones posibles. Para seis movimientos, es aproximadamente 20x20x20x20x20x20; es decir, 64 millones de combinaciones posibles.

IBM vs Kasparov

Se dice que Garry Kasparov es uno de los mejores jugadores de ajedrez de la historia. Sin embargo, en 1997 le derrotó el ordenador de IBM Deep Blue. Deep Blue podía evaluar hasta 200 millones de posiciones por segundo.

AlphaGo

En 2016, AlphaGo de Google derrotó al campeón mundial Lee Sedol en el juego de estrategia Go. El Go es un juego popular en Asia Oriental desde hace siglos. Es más complejo que el ajedrez y se considera más un arte que un juego. Hasta ese momento, se creía que un ordenador nunca podría ganar a los mejores jugadores humanos de Go.

Informática teórica

Durante la Revolución Industrial, Gran Bretaña era el centro de la invención. Todos los años se inventaban nuevas máquinas de vapor para automatizar cada vez más cosas. Charles Babbage, un matemático inglés, vio que se podía inventar una máquina para automatizar los cálculos matemáticos.

El padre de la informática

Charles Babbage se encargaba de elaborar tablas matemáticas para las tareas de navegación y logística necesarias para el funcionamiento del Imperio británico. Se dio cuenta de que se podía construir una máquina que llevase a cabo todos esos cálculos, así que diseñó una máquina que él llamó «la máquina diferencial». Trabajó en ella durante diez años, hasta que se percató de que, si la máquina pudiese retroalimentarse de sus propias operaciones, podría hacer cálculos infinitos.

Describió esta nueva máquina como una «locomotora que puede crear su propio ferrocarril» y la llamó «la máquina analítica». Su diseño se considera el primer ordenador moderno. Sin embargo, ni la máquina analítica ni la máquina diferencial llegaron a construirse, porque requerían una ingeniería extremadamente avanzada y se disparaba el presupuesto. El gobierno retiró la financiación y solo se completó una pequeña parte.

Aunque habrían sido mecánicas, estas máquinas hubiesen funcionado de una forma muy similar a la de un ordenador digital. En lugar de un procesador tenían un «molino» central y en lugar de una memoria tenían un «almacén».

Tejer con números

Babbage y su colega Ada Lovelace se inspiraron en el «telar de Jacquard», una máquina que se utilizaba para tejer motivos en las telas. Los motores usaban tarjetas perforadas para programar patrones de tejido complejos en los que cada agujero de la tarjeta creaba una parte del diseño. Babbage y Lovelace se dieron cuenta de que, en lugar de patrones, esas cartas podían almacenar números. Lovelace describió la máquina como un «telar que tejía con números».

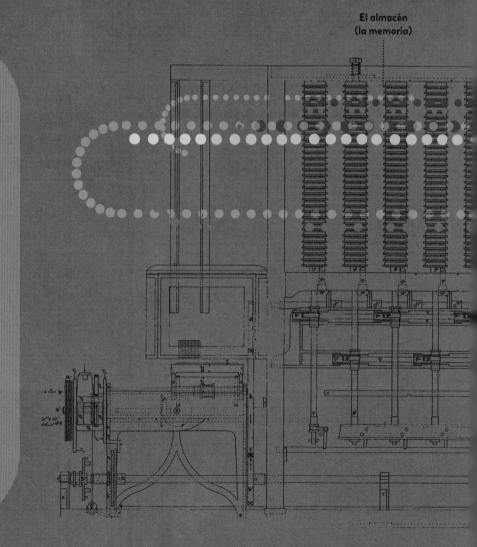

El almacén
(la memoria)

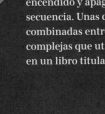

Las leyes del pensamiento

George Boole, otro matemático inglés, creó un sistema matemático que solo usaba 0 y 1. Ideó formas de sumar y restar esos dos números, en binario, usando lo que él llamaba «puertas lógicas». Esas puertas lógicas son la base de todos los lenguajes informáticos. La puerta lógica «AND» sumaba una secuencia de encendido y apagado a otra. La puerta lógica «NOT» invertía la secuencia. Unas cuantas operaciones sencillas —AND, OR y NOT—, combinadas entre sí, bastan para crear casi todas las órdenes complejas que utiliza un ordenador. En 1854, publicó sus ideas en un libro titulado *Las leyes del pensamiento*.

**George Boole
(1815–1864)**

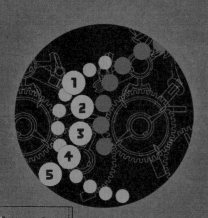

Los mecanismos

Al introducir un número en la máquina, giraba un engranaje. Al introducir un segundo número, las cifras podían sumar, multiplicar o hacer alguna función como en una serie de giros y engranajes. Este mecanismo «transportaba» el resultado hasta la siguiente serie de engranajes, que calculaban el decimal siguiente.

La máquina tenía 50 niveles de engranajes, por lo que podía calcular hasta 50 decimales.

La máquina analítica iba a ser mucho más grande que la máquina diferencial. Habría medido más de 5 metros de alto y en su momento fue la máquina más compleja que se había imaginado nunca.

La primera programadora informática

Ada Lovelace fue una colega matemática y amiga de Babbage que entendió el efecto que su máquina podía causar en el mundo, quizá incluso más que el propio Babbage. Escribió una serie de instrucciones para la máquina analítica, que se consideran los primeros programas de ordenador. Ella imaginó que los programas podrían utilizarse para hacer algo más que calcular números, y que cualquier cosa —desde imágenes hasta la música o las formas de la naturaleza— podría convertirse en información que algún día manipularía un ordenador.

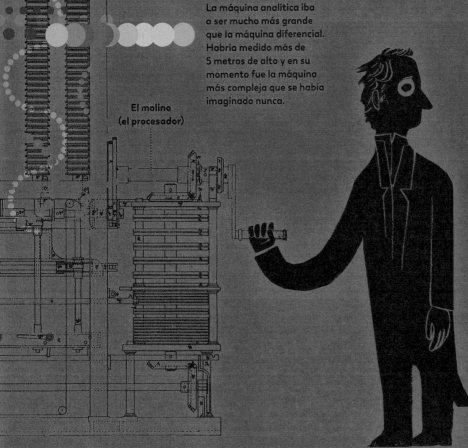

**El molino
(el procesador)**

La máquina diferencial, 1820

Charles Babbage (1791–1871)

Ada Lovelace (1815–1852)

Informática militar

Los militares desarrollaron muchos de los primeros ordenadores del mundo. Se hicieron enormes inversiones en tecnología para orientar misiles, desarrollar la bomba nuclear y descifrar códigos.

La necesidad de discreción

Durante la Segunda Guerra Mundial, la radio se usaba para la comunicación. Sin embargo, los mensajes por radio eran fácilmente interceptados por el enemigo. Así pues, para mantener la comunicación en secreto, cada bando cifraba sus mensajes. Los códigos alemanes eran extremadamente sofisticados. Aunque podrían llegar a descifrarse, se tardarían meses, lo cual era completamente inútil porque los códigos cambiaban cada 24 horas.

Colossus

Los matemáticos trabajaban como descifradores de códigos. Algunos creían que era posible crear una máquina que acelerase los cálculos. Tras un gran esfuerzo que involucró a muchos de los matemáticos más brillantes de la época, en 1943 nació Colossus, el primer ordenador electrónico, digital y programable. Su diseño estaba inspirado en la obra del matemático inglés Alan Turing y lo construyó el ingeniero Tommy Flowers. Podía procesar 5000 caracteres por segundo y logró descifrar el código alemán.

Joan Clarke trabajó en los cálculos matemáticos para descifrar los códigos. Algunos historiadores afirman que el descifrado de los códigos pudo acortar la guerra hasta dos años.

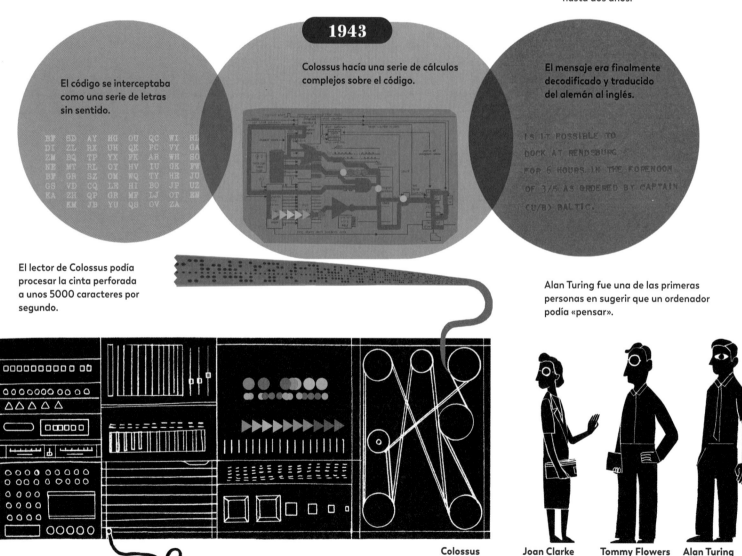

1943

El código se interceptaba como una serie de letras sin sentido.

Colossus hacía una serie de cálculos complejos sobre el código.

El mensaje era finalmente decodificado y traducido del alemán al inglés.

IS IT POSSIBLE TO DOCK AT RENDSBURG FOR 6 HOURS IN THE FORENOON OF 3/5 AS ORDERED BY CAPTAIN (U/B) BALTIC.

El lector de Colossus podía procesar la cinta perforada a unos 5000 caracteres por segundo.

Alan Turing fue una de las primeras personas en sugerir que un ordenador podía «pensar».

Colossus   Joan Clarke   Tommy Flowers   Alan Turing

La máquina automática

Cuando era estudiante, a Alan Turing se le ocurrió la idea de lo que él llamó la «máquina automática» o, como la conocemos hoy en día, la máquina universal de Turing. Esta máquina tendría una cinta en forma de bucle con un cabezal que leería la cinta y después escribiría encima, una operación conocida como «el bucle infinito». El diseño de la máquina de Turing implica que no necesitamos 100 ordenadores para llevar a cabo 100 tareas; solo necesitamos un ordenador con 100 programas. Hoy en día, casi todos los ordenadores funcionan de esta manera.

El precio de la discreción

Aunque Colossus fue un invento muy adelantado para su época, no supuso un gran impacto para el desarrollo de la informática. El gobierno británico mantuvo el proyecto en secreto después de la guerra para poder espiar a la Unión Soviética, que había empezado a usar el sistema de codificación alemán. Ningún miembro del equipo involucrado tenía permitido hablar sobre ello. Tommy Flowers intentó crear un ordenador para tiempos de paz, y solicitó un préstamo al Banco de Inglaterra, pero se lo denegaron porque el banco no creía que una máquina así pudiera funcionar. No pudo alegar que, de hecho, ya había diseñado y construido esas máquinas porque su trabajo estaba amparado por la Ley de Secretos Oficiales.

Si los británicos hubieran desarrollado esta tecnología abiertamente y hubieran aceptado la inversión privada, es muy posible que el centro de la industria informática estuviera hoy en Gran Bretaña, no en EE. UU.

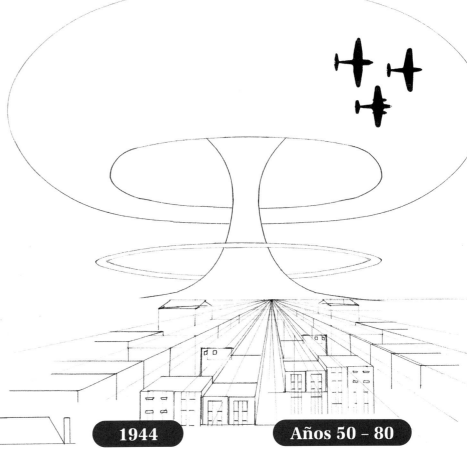

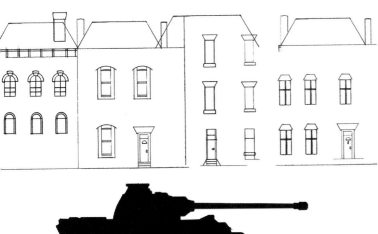

A partir de la Segunda Guerra Mundial, el gobierno de Estados Unidos destinó una financiación sin precedentes a la tecnología militar e informática.

1944

Harvard Mark I

El Harvard se creó para trabajar en el gran número de cálculos que se necesitaban para construir la bomba atómica. No era totalmente eléctrico y tenía partes mecánicas.

1945

ENIAC

El ENIAC, o Computador e Integrador Numérico Electrónico, se usó para calcular la balística de diferentes armas en distintas circunstancias. Al contrario que Colossus, más tarde se hizo público y fue muy conocido. La prensa lo llamó el «cerebro electrónico» y provocó una ola de inversiones en informática.

Años 50 – 80

Sistema informático SAGE

Durante la Guerra Fría, Estados Unidos hizo enormes inversiones en tecnología mediante un plan gubernamental llamado SAGE. SAGE sigue siendo el proyecto informático más grande y caro de la historia. Fomentó una fuerte relación entre la investigación académica, el ejército y la industria privada. Entre otras cosas, dio lugar a ARPANET, la primera versión de internet.

Informática empresarial

Los primeros ordenadores los desarrollaron los gobiernos, pero las empresas pronto vieron su potencial. Empresas como los bancos tenían que gestionar diariamente un gran número de transacciones con una precisión total. Los ordenadores y la lectura automática podían procesar las transacciones y los datos con mayor rapidez y exactitud.

Lectura automática

A finales del siglo XIX, la inmigración a Estados Unidos estaba en auge y el departamento encargado de censar la población no daba abasto con el recuento. El matemático Herman Hollerith propuso una solución: una máquina que sabía leer. La información se introducía en tarjetas con agujeros perforados que, dependiendo de su posición, representaban nombres, trabajos, estados civiles y demás.

La información de la tarjeta se leería y quedaría registrada en una milésima de segundo; además, la máquina de Hollerith procesaba la información del censo siete veces más rápido que los humanos. El método de lectura de las tarjetas de Hollerith fue la mar de útil para los gobiernos y las grandes empresas. En 1896, fundó una empresa que más tarde se convertiría en IBM (International Business Machines).

1890

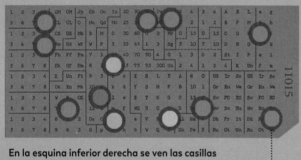

En la esquina inferior derecha se ven las casillas para marcar el país de origen de esta persona.

Se creaba una tarjeta perforada para cada persona del censo. La tarjeta se introducía en el lector automático, donde unos dientes de metal atravesaban los agujeros de la tarjeta. Si se cortaba un agujero, se hacía contacto y el lector contaba la información.

1930 – 1940

El uso más perverso de las tarjetas perforadas se dio en la Alemania nazi. Identificar y arrestar a millones de judíos y romaníes mediante un censo era una gran tarea logística. Cada campo de concentración tenía una máquina IBM y un operador. Las tarjetas registraban la etnia, la dirección y el destino de millones de personas.

Un terrorífico cartel de la época nazi rezaba: «Con las tarjetas perforadas lo verás todo».

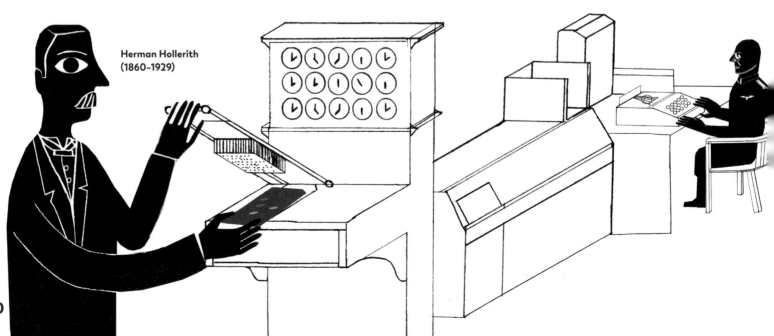

Herman Hollerith
(1860–1929)

Almacenamiento

Las tarjetas perforadas de cartón siguieron usándose como almacenamiento hasta finales de los años 70, pero en la década de los 50 empezaron a remplazarse con cinta magnética, disquetes, CD, DVD y discos duros. En 2006, apareció el primer almacenamiento en la nube.

 **1890**

 **1950**

 1970

 1980

 1990

El IBM 360

IBM se convirtió en el principal fabricante de ordenadores del siglo XX. Sus primeras máquinas eran incompatibles entre sí, pero el IBM 360, presentado en 1964, era diferente. Se podía utilizar para varias funciones. Esto también significaba que podían compartirlo distintas empresas, lo que lo hacía rentable. Fue un gran éxito, y su nueva forma de funcionar ayudó a allanar el camino a la industria del software.

Los códigos de barras

En los años 60 y 70, la popularidad de los supermercados estaba aumentando, pero se formaban largas colas en las cajas porque había que teclear los precios a mano. Entonces apareció el código de barras para acelerar las cosas. Al principio, las tiendas tenían que añadir sus propios códigos de barras, pero en 1973 se convenció a los fabricantes para que imprimieran directamente el «Código Universal de Producto». Hoy en día, los códigos de barras son prácticamente universales.

Funciones especializadas

Los primeros ordenadores empresariales eran grandes, caros y solo llevaban a cabo funciones especializadas. Solo las grandes empresas se los podían permitir. Cuando se abarataron, las empresas más pequeñas empezaron a usarlos también.

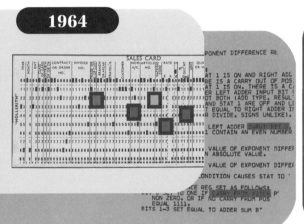

1964

1973

Lectura óptica

Los códigos de barras estaban inspirados en el código morse y funcionan con un principio parecido: una secuencia de líneas de diferente anchura, cada una de las cuales representa un dígito o carácter.

Un lector óptico lee un código de barras. A continuación, una sencilla operación informática extrae el precio de venta e imprime un recibo.

Informática personal

A medida que los ordenadores se volvían más rápidos y fiables, más empresas empezaron a utilizarlos y empezaron a atraer también a los aficionados. Cada vez eran más asequibles, pero seguían siendo difíciles de usar. Sin embargo, cuando se mejoró la interfaz de usuario, irrumpieron con mucha más fuerza y se convirtieron en una herramienta para todos.

1977

Los primeros ordenadores personales

El Apple II fue el primer ordenador personal de éxito comercial. A diferencia de otros ordenadores, venía con teclado, gráficos en color y sonido. Los programas que incorporaba también fueron una parte importante de su éxito. El programa de hoja de cálculo VisiCalc y el procesador de textos Apple Writer eran fáciles de usar. Apple había encontrado la forma de convertir una máquina comercial en una máquina personal. La clave del éxito de Apple fue la interfaz de usuario. Los ordenadores anteriores solo se podían manejar escribiendo comandos de texto, pero un puntero (ratón) y unos iconos eran mucho más fáciles para los usuarios.

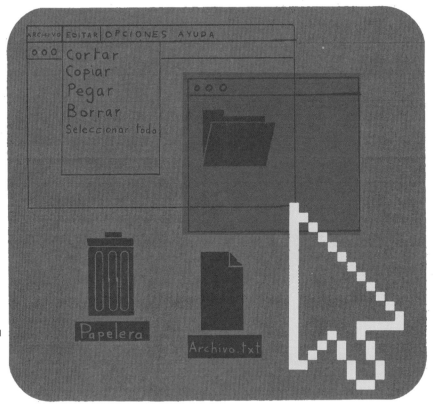

El sistema «WIMP» (ventanas, iconos, menús y puntero) es fundamental para las interfaces de usuario actuales.

El Homebrew Computer Club

Muchos pioneros de la informática, incluidos los fundadores de Apple Steve Wozniak y Steve Jobs, eran miembros del «Homebrew Computer Club». El club tenía un boletín informativo y se reunía todos los meses para compartir diseños e ideas en un pequeño barrio a las afueras de San Francisco llamado Menlo Park. El club pronto se convirtió en el centro mundial de los entusiastas de los ordenadores. Cuando los microchips abarataron el precio de los ordenadores, el sector se convirtió en una mina de oro. Hoy en día esta zona se conoce como Silicon Valley y es sede de muchas de las empresas tecnológicas más valiosas de la actualidad.

Steve Wozniak
(1950-)

Steve Jobs
(1955-2011)

El ratón

El inventor estadounidense Douglas Englebart desarrolló el ratón y la interfaz gráfica. Su trabajo se basaba en la forma de aprender de los niños. Apple fue la primera empresa informática que introdujo comercialmente estas características.

Steve Jobs describió los ordenadores como una «bicicleta para nuestra mente: una herramienta para impulsar y hacer avanzar nuestras capacidades mentales».

Wifi y Bluetooth

Una de las historias más extraordinarias del mundo de la invención es la de Hedy Lamarr. Era una de las actrices más famosas de Hollywood, pero en su tiempo libre era una inventora aficionada. En los años 40 patentó un método de salto de frecuencia que hoy constituye la base de la tecnología del Bluetooth, el GPS y el wifi.

**Hedy Lamarr
(1914–2000)**

La revolución del software

Durante los años 80 y 90, se crearon diferentes programas de software. Excel, Microsoft Word, Photoshop y otros programas convirtieron a los ordenadores personales en una herramienta imprescindible. En 1995, se lanzó el sistema operativo Windows 95 y fue un éxito inmediato. Su creador, Bill Gates, se convirtió en el hombre más rico del mundo.

2007

El iPhone

30 años después del lanzamiento del Apple II, Apple reinventó la industria informática una vez más con el iPhone. A diferencia de otros *smartphones* de la época, el iPhone se construyó en torno a la pantalla táctil del dispositivo. Esto le daba al iPhone la flexibilidad de utilizar toda clase de aplicaciones. Los desarrolladores crearon aplicaciones, o «apps», para todo, desde el pronóstico del tiempo hasta el aprendizaje de idiomas. Ahora, todos los teléfonos inteligentes y las tabletas se basan en ese diseño.

Muchos sectores, desde la contabilidad a la arquitectura, la edición, el montaje de películas y la música, cambiaron para siempre con la llegada de los ordenadores.

**Bill Gates
(1955–)**

**Susan Kare
(1954–)**

Susan Kare diseñó muchos iconos conocidos para Apple, Microsoft y, más tarde, Facebook.

Una pantalla táctil permite desplazarse, deslizar, pinzar y girar, lo que es muy intuitivo para un usuario.

Steve Jobs (otra vez)

Internet

Los distintos ordenadores funcionaban con un software propio y eran incompatibles entre sí, por lo que surgió la necesidad de conectarlos. Permitir que «hablaran» entre ellos dio lugar a cada vez más avances, lo que preparó el camino para una forma de comunicación totalmente nueva.

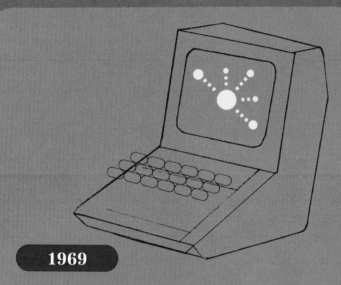

To:
ray.tomlinson@darpa.mil
Subject:
QWERTYUIOP

Se envían más de 350 000 millones de correos electrónicos a diario.

1971

El correo electrónico

Cuando le preguntaron a Ray Tomlinson, el inventor del correo electrónico, qué decía el primer *email*, contestó que «era algo así como QWERTYUIOP». Luego, cuando se lo enseñó a sus colegas, al parecer dijo: «¡No se lo digáis a nadie! No deberíamos estar trabajando en esto». El correo electrónico pronto se convirtió en la aplicación revolucionaria de los inicios de internet. Se hizo muy popular y, en poco tiempo, la mayor parte del tráfico de la red era correo electrónico.

1969

ARPANET

La predecesora de internet, «ARPANET», fue desarrollada por el gobierno de EE. UU. La guerra nuclear se consideraba una amenaza, y querían conectar ordenadores lejanos y crear un sistema de comunicación «distribuido», de modo que si se destruía una parte del sistema, otra pudiera tomar el relevo. Más tarde se reconoció que la red ARPANET tenía potencial educativo y se puso a disposición de la enseñanza superior. Se convirtió oficialmente en «internet» cuando se actualizó el software en 1983.

https://www

1989

La World Wide Web

Tim Berners-Lee, informático del CERN, centro de investigación europeo, imaginó un sistema que permitiera compartir información. En parte, se inspiró en un libro titulado *Enquire Within Upon Everything*, que permitía al lector buscar todo tipo de preguntas. Imaginó algo parecido a un índice que pudiera localizar las mismas palabras en distintas páginas web. Construyó un programa informático en el que se podía navegar por estos «enlaces». Este nuevo «espacio», el «ciberespacio», se convirtió en la World Wide Web.

I'm the creeper.
Catch me if you can

1969

El primer virus informático

El primer virus, el gusano «Creeper», se diseñó para que viajara de un ordenador a otro mostrando un simple mensaje de «píllame si puedes». Los virus posteriores eran menos simpáticos. El virus «ILOVEYOU» del año 2000 se diseñó para robar contraseñas y dar a su creador, de 24 años, barra libre en internet. Pero se descontroló e infectó diez millones de ordenadores. En 2008, el virus «Torpig» robó medio millón de datos bancarios.

Como podríamos pensar

Vannevar Bush, responsable de la investigación científica en EE. UU., se dio cuenta de que los artículos científicos desaparecían en los archivos y caían en el olvido. Esto hacía que los investigadores desconocieran otras investigaciones científicas relevantes. En un ensayo titulado *As We May Think* (*Como podríamos pensar*), propuso un sistema llamado «Memex». El nombre era la abreviatura de «extensión de memoria» humana. Los datos se imprimirían en tarjetas diminutas para reducir el espacio de almacenamiento, y un sistema de visualización recuperaría las tarjetas a petición para que los interesados pudieran leerlas con un microscopio. El sistema de visualización les permitiría hacer anotaciones y enlaces entre las tarjetas de información para que otras personas pudieran encontrarlas más fácilmente después. Ese sistema no se construyó, pero la idea se parece mucho a muchas de las características del internet actual.

Vannevar Bush también dirigió el desarrollo de la bomba atómica durante la Segunda Guerra Mundial.

Los web-logs o «blogs», como empezaron a conocerse, se popularizaron a finales de la década de 1990.

1993

El primer navegador web

Mosaic era un programa que permitía un acceso y un uso más sencillo de la web. Se describía como un buscador y permitía mostrar imágenes en una «página web». Esto abrió las compuertas: el internet que conocemos hoy acababa de llegar a nuestra vida.

1995

Amazon

Amazon fue uno de los primeros negocios comerciales de la web. Empezó como librería, pero ahora vende casi de todo. Los negocios online no tienen los gastos de alquiler y salarios de las tiendas físicas, por lo que sus precios son más bajos. Esto ha ofrecido a la gente una variedad ilimitada de productos, pero también ha cambiado las ciudades y los pueblos. En poco más de 20 años, Amazon pasó de ser un garaje a una de las empresas más ricas de la Tierra.

1999

Intercambio de archivos

Los servicios de intercambio de archivos como Napster permitían a los usuarios compartir y descargar música gratuitamente, lo que transformó la industria musical y desencadenó enormes batallas legales.

2001

Wikipedia

Las enciclopedias eran grandes proyectos que llevaban décadas de trabajo y a menudo implicaban a cientos o miles de expertos. Nadie podría imaginar que, en menos de una década, un proyecto no comercial editado en su mayor parte por voluntarios y escrito mediante la confianza y el consenso haría innecesarias la mayoría de las enciclopedias comerciales.

1997

Google

Los resultados que mostraban los motores de búsqueda (programas que buscan cosas en la web) eran muy limitados hasta que llegó Google. El gran avance de Google fue su método de indexación, llamado sistema «PageRank». Los bots de Google cuentan las veces que se enlaza a un sitio web. El sitio web con los enlaces más destacados estará en primer lugar. En pocos años, «guglear» se ha convertido en un verbo.

2000

AOL TimeWarner

El mayor proveedor de internet de EE. UU. se unió al gigante de los medios Time Warner en una de las mayores fusiones empresariales de la historia. Se creía que AOL TimeWarner era invencible. Ocupaba una posición dominante en casi todos los tipos de medios de comunicación, como la música, la edición, las noticias, el entretenimiento e internet. Sin embargo, los ejecutivos habían malinterpretado la naturaleza de la red. La empresa implosionó dos años después, con unas pérdidas trimestrales de 54 000 millones de dólares, las mayores de la historia de Estados Unidos.

1995

eBay

El sitio de subastas en línea eBay empezó como un hobby del programador informático franco-iraní y estadounidense Pierre Omidyar. No cobraba por las transacciones hasta que el elevado número de usuarios le obligó a empezar a ganar dinero. Se hizo enormemente popular, sobre todo entre los coleccionistas.

Móviles

Las redes sociales se popularizaron a principios de la década de 2000, pero cuando aparecieron los móviles se intensificó su uso. En 2007 nació el iPhone, que permitía ejecutar aplicaciones de terceros o «*apps*» en el dispositivo. Otros *smartphones* siguieron el ejemplo. Gracias al acceso constante a internet, los mapas y las cámaras, los móviles empezaron a remodelar la comunicación y el acceso a la información.

Web 2.0

Los precursores de las grandes redes sociales que conocemos hoy en día empezaron siendo plataformas muy pequeñas. Derivaban de la función de chat de los juegos online y las usaban casi exclusivamente los adolescentes. Las primeras y auténticas plataformas sociales, Friendster y MySpace, allanaron el camino para lo que estaba por venir.

Los teléfonos se comunican continuamente con al menos tres satélites. También tienen un reloj tan preciso que detectan con una precisión de unas milmillonésimas de segundo.

2004

Facebook

Facebook comenzó como una red social creada por estudiantes de la Universidad de Harvard a la que solo se podía acceder por invitación. Hoy se ha convertido en la mayor red social del mundo, con 3000 millones de usuarios.

2005

YouTube

YouTube empezó con vídeos caseros, sobre todo de gatos. Sin embargo, creció exponencialmente a partir de 2007, cuando se empezó a subir contenido profesional. Hoy se ven más de 5000 millones de vídeos al día.

GPS

El GPS ofrece funciones útiles para muchas aplicaciones. Para que pueda funcionar, los teléfonos deben comunicarse continuamente con tres satélites distintos en el espacio. Cada satélite está en una ubicación conocida y envía señales de radio. Aunque estas señales viajan increíblemente rápido, sigue habiendo un retraso detectable. Este pequeño retardo de una milmillonésima de segundo es lo que utilizan los teléfonos para calcular la distancia al satélite. Saben a qué distancia está el satélite con una precisión de unos pocos metros. Usar tres satélites les permite calcular tu ubicación exacta.

El GPS (sistema de posicionamiento global) se utilizó por primera vez en la guerra del Golfo de 1991. La guerra tuvo lugar en un desierto, por lo que un sistema de navegación era imprescindible.

2009

Uber

2006

Twitter/X

X, antes conocido como Twitter, creció vertiginosamente cuando los famosos empezaron a utilizarlo. Sus tuits aparecían a menudo en las noticias, lo que atraía cada vez más visitantes a la web.

2007

Maps

2008

Airbnb

2009

Whatsapp

¿Dónde estás?

Al igual que los genes, los memes se reproducen con variaciones y mutaciones.

Los memes

El biólogo británico Richard Dawkins acuñó el término «meme» para describir los elementos virales de la cultura humana. Dawkins sostenía que, al igual que los genes que se reproducen crean virus y otros organismos biológicos dentro del ámbito químico, los memes son las ideas y chistes autorreproducibles que surgen dentro de la cultura humana. El término empezó a aplicarse a la rápida copia y difusión de imágenes y vídeos por internet.

Las cámaras

Más que nada, puede que las cámaras hayan sido las artífices de que los móviles tengan un mayor impacto en la sociedad. Por un lado, han ayudado a denunciar injusticias y a amplificar las voces marginadas, pero, por otro, han dado aún más exposición a la cultura consumista.

2010

Instagram

Instagram fue una de las primeras grandes aplicaciones cuya función se basaba por completo en la cámara. Cuando se lanzó, contaba con filtros que ocultaban la poca calidad de las fotografías de los primeros móviles. Los filtros ganaron popularidad porque mejoraban las fotografías y hacían que las personas pareciesen más atractivas.

Menos de dos años después de su lanzamiento, Facebook compró Instagram por 1000 millones de dólares. Hoy tiene una facturación de 86 000 millones de dólares.

2011

Snapchat

Snapchat se hizo conocido por sus filtros. Efectos animados como orejas de conejo e intercambios de caras se añadieron a los vídeos en directo. Los mensajes desaparecen, lo que los hace parecer más espontáneos.

2012

Tinder

Una de las primeras aplicaciones móviles de citas fue Grindr en 2009. Tinder le siguió en 2012 y, en pocos años, las citas a través de aplicaciones se han convertido en la forma más habitual de conocer pareja.

2016

TikTok

TikTok se lanzó por primera vez en China, y se expandió internacionalmente dos años después. Su éxito se debe a su algoritmo, que recomienda contenidos en función del historial de visitas.

#nofilter

#BlackLivesMatter

#ArabSpring

#Metoo

#ceasefirenow

2010 **2013** **2017** **2023**

La calidad de las fotografías de los primeros *smartphones* era tan mala que eran casi inservibles. Sin embargo, la tecnología de estas cámaras ha evolucionado a pasos agigantados.

El término «selfi» se añadió al diccionario Oxford en el año 2013 y al Diccionario de la Real Academia Española en 2018.

Los *influencers*

Las figuras populares de las redes sociales empezaron a cobrar a cambio de promocionar productos y pasaron a conocerse como «*influencers*». Beyoncé, Cristiano Ronaldo y las Kardashian son algunas de las celebridades más conocidas.

Los *hashtags*

Las publicaciones en las redes sociales suscitaban debates y empezaron a usarse *hashtags* (etiquetas) para encontrar las conversaciones. El uso de las redes sociales aumentó más del doble en los países árabes durante la #PrimaveraÁrabe de 2010. Las publicaciones en los medios sociales revelaron el sufrimiento causado por el bombardeo de Gaza #AltoElFuego.

Viralización

Más que un lugar en el que compartir fotos con los amigos más cercanos, las redes sociales empezaron a competir entre sí para aumentar el *engagement*. En 2009, las publicaciones se difundían cada vez más, se «viralizaban». Las publicaciones más populares podían verse cientos de millones de veces en cuestión de horas.

2006

La sección de noticias

Al principio, Facebook tenía una página de perfil con un «muro» en el que otros podían publicar. La sección de noticias se lanzó en 2006. Las actualizaciones en directo, que cambiaban constantemente, animaban a los usuarios a consultarlas una y otra vez, lo que aumentaba la participación.

2009

Los *likes* y *shares*

El botón de «me gusta» apareció por primera vez en el portal de vídeos Vimeo en 2005 y se introdujo en Facebook en 2009. El botón de retuitear en Twitter se añadió ese mismo año también. La función de compartir y republicar se adueñó enseguida de las redes sociales.

2011

Los algoritmos

Se introducen *feeds* o canales de noticias algorítmicos, lo que significa que se da prioridad al contenido que ya ha gustado antes a los usuarios. «Si te gusta esto, también te gustará aquello». Esto significa tres cosas: el contenido controvertido se ve más, hay más vídeos virales (sobre todo de gatos) y cada persona ve un *feed* distinto.

Y dale con los vídeos de gatos

Si a una persona le gusta un vídeo de gatos, el *feed* de noticias algorítmico le enseñará más vídeos de gatos. Si se sigue interactuando con estos vídeos, la página se llenará de gatos. Se dice que de esta forma «se refuerzan los patrones de comportamiento».

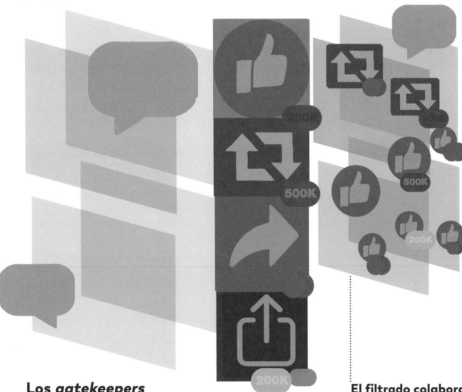

Los *gatekeepers*

En el pasado, los «*gatekeepers*» o guardianes de acceso de los medios decidían el contenido que consumíamos. En la radio, los DJ elegían la música y en la industria del cine los productores elegían qué películas se hacían. Hoy, las redes también actúan como *gatekeepers*, lo que hace que sus propietarios sean muy poderosos.

El filtrado colaborativo

Si una publicación recibe *likes* de muchos usuarios, el algoritmo lo priorizará para otros usuarios. Este proceso se conoce como «filtrado colaborativo». Un contenido probado y examinado significa que lo que se muestra es el contenido que más llama la atención.

Las controversias

Si un usuario tiene patrones de comportamiento negativos, una página algorítmica puede empeorarlos. Las publicaciones que desencadenan emociones negativas como la rabia reciben más atención y participación, lo que las hará más virales. Después, el algoritmo enseñará a estos usuarios publicaciones aún más provocadoras. Y es así como las redes sociales amplifican las controversias.

**Donald Trump
(1946 -)**

El presidente «antipático»

En la era de la TV, la «simpatía» era la clave del éxito electoral. Sin embargo, en la era de las redes sociales, ser desagradable puede ser más útil que ser simpático, porque una figura controvertida atrae mucha más atención que una no controvertida. En el periodo previo a las elecciones de 2016, el empresario y estrella de programas de telerrealidad Donald Trump no tardó en darse cuenta. En las redes sociales, le daba sopas con honda a su oponente política, Hillary Clinton. Sus furiosos y provocativos tuits se retuiteaban cuatro veces más que los de Clinton. Muchos miembros de la clase dirigente le ridiculizaban, pero esto solo hizo que se volviera más belicoso e incluso más popular. Las figuras beligerantes que muestran hostilidad hacia quienes ostentan el poder se hacen populares en momentos en que los votantes están desilusionados con la política. Con la creciente influencia del dinero en el sistema político, podría decirse que tienen razón en estar enfadados.

Los troles

En internet, las conversaciones inocentes a menudo se vuelven agresivas. Sin embargo, diversos estudios han demostrado que la mayoría de las personas no se vuelven más agresivas al relacionarse por las redes. El problema se debe a una pequeña minoría. Esta minoría, conocida como «troles», busca molestar a los demás a propósito. Suelen publicar de forma anónima y casi siempre son hombres.

Twitter/X

Se ha demostrado que X, antes Twitter, tiene el lenguaje más negativo de todas las plataformas. También es la más viral. Muchos famosos la han usado, pero quizá ninguno con tanta intensidad como el presidente Donald Trump, que ha publicado más de 57 000 tuits. Conocido a lo largo de su presidencia por sus polémicos tuits, llegaron a suspenderlo de la plataforma.

La polarización

Antes del siglo XXI, las personas consultaban las mismas fuentes de noticias y obtenían fuentes de información similares. Cuando internet pasó a ser nuestra principal fuente de información, las opiniones políticas comenzaron a divergir. Cuanto más se traslada el debate político a internet, más pasa esto. Se dice que se «polariza».

«¡Este curioso truco te cambiará la vida!».

«¡No te vas a creer lo que ocurre después!».

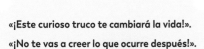

El *clickbait*
Con tantos *feeds* actualizándose sin cesar, las redes sociales no se han convertido en un lugar para participar, sino para ir desplazándose por la pantalla sin más. Han surgido nuevas formas de medios de comunicación: vídeos cortos virales, titulares con gancho, cotilleos de famosos y listas infinitas para todo.

Las redes sociales y la política

El uso de las redes sociales se ha relacionado con el aumento de los movimientos nacionalistas y populistas de todo el mundo. Tanto la campaña de Trump como la del Brexit se promocionaron profusamente a través de Facebook, mientras que la campaña de Bolsonaro en Brasil utilizó WhatsApp.

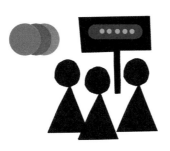

Cámaras de eco
Las personas tienden a acercarse a otras con las que están de acuerdo. Con el tiempo, esto hace que la gente entre en cámaras de eco que solo reflejan su propia opinión.

Macrodatos

En el año 2000, Google lanzó «AdWords», un modelo de publicidad que usaba datos personales para relacionar a los vendedores con las búsquedas. Fue tremendamente eficaz. Los beneficios de Google se dispararon y se convirtió en una de las empresas más prósperas del mundo. Otras copiaron su modelo. Esto marcó el principio de una nueva economía, que no tenía como base cosas físicas, sino información.

Recogida de datos

La publicidad y los mensajes políticos pueden ser mucho más efectivos si se conocen los deseos y los miedos del público al que se dirigen. Mediante búsquedas, amigos, comentarios y datos de localización, las empresas pueden saber las preferencias y preocupaciones de las personas. Esta información es muy útil para las empresas de marketing.

Análisis de datos

Mediante el análisis de nuestros datos personales junto con la ciencia del comportamiento, se pueden identificar los tipos de personalidad de las personas y, después, categorizarlos en agrupaciones útiles para los distintos anunciantes. Esto es muy útil para la segmentación política.

Microsegmentación

Los mensajes siempre se han dirigido a públicos específicos, pero la nueva tecnología permite hacerlo con mucha precisión. Por ejemplo, las campañas políticas no quieren dirigirse a toda la población, ya que muchas personas no cambiarán su voto por un anuncio. En cambio, se dirigen al pequeño número de personas a las que pueden convencer. Con el análisis de datos, se puede identificar a estas personas «convencibles» y comprender sus preocupaciones.

Análisis del comportamiento

El análisis de datos permite ver qué imágenes pueden captar la atención de una persona y qué botones es más probable que pulse. Las palabras que utilizan, los vídeos que comparten, la rapidez con que teclean y los errores ortográficos revelan información útil.

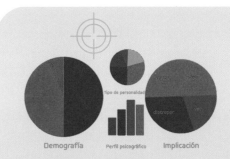

Demografía · Perfil psicográfico · Implicación

Tu actividad: Comentarios 10 056 Me gusta 25 704 Amigos 526

Puntos de datos

Con unos pocos *likes* o perfiles a los que se sigue, una empresa de redes sociales puede hacerse una idea de quién es una persona. Puede, por ejemplo, adivinar su preferencia de voto. Cada uno de esos «me gusta» o perfiles seguidos es un «punto de datos». En varias pruebas se ha demostrado que los ordenadores pueden predecir el comportamiento de una persona mejor que su cónyuge o su amigo más íntimo.

Cambridge Analytica

Cambridge Analytica era una empresa de análisis de datos especializada en campañas políticas. Se hizo famosa en 2016 tras trabajar en las campañas del Brexit y de Trump. Afirmaba tener 5000 puntos de datos sobre cada votante de Estados Unidos.

Un mensaje a medida

Se pueden hacer anuncios y vídeos personalizados para dirigirse a pequeños grupos de forma diferente sobre el mismo tema. Por ejemplo, a las personas que responden a mensajes de miedo se les puede enseñar una imagen, mientras que a un segundo grupo que responde más a mensajes cálidos se les enseña otra distinta.

Una de las claves para recopilar datos es el uso de «cookies». Estas se adhieren a un usuario y envían los datos a los sitios web.

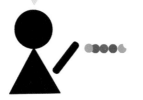

XKeyscore puede rastrear el historial de internet de una persona y escucharla por el micrófono de su dispositivo, aunque esté apagado.

Edward Snowden (1983–)

Vigilancia mundial

Desde 2001, la NSA (Agencia de Seguridad Nacional de EE. UU.) tiene los medios para recopilar datos sobre civiles de todo el mundo. Cooperan estrechamente con empresas tecnológicas, así como con proveedores de redes y demás. Su red internacional puede recopilar el contenido de correos electrónicos, llamadas telefónicas, búsquedas en internet y mucho más. Su software, XKeyscore, permite rastrear a cualquier persona en el mundo, incluso observar su navegación en directo y secuestrar el acceso al micrófono y a la cámara. Estos datos proporcionan a los gobiernos una capacidad de vigilancia mayor que la que jamás haya tenido ningún Estado. Si alguna vez se produjera un movimiento hacia el autoritarismo, poco podríamos hacer. No es una posibilidad nada descabellada. Estos poderes, que tienen el potencial de socavar nuestra democracia, nunca se sometieron a debate ni fueron siquiera conocidos por el público hasta que los filtró el informante Edward Snowden.

Respuestas en tiempo real

Los anunciantes pueden ver cuándo se ven sus anuncios y en qué momento la gente deja de verlos. A menudo se envían distintas versiones a la vez. Se elimina la versión menos eficaz, se crean nuevas versiones y se vuelven a medir. Esta técnica se conoce como «test A/B». Mediante técnicas como esta, se puede aumentar la eficacia de todo tipo de contenidos en línea.

¿Quién está escuchando?

Aunque las empresas tecnológicas pueden acceder a datos sobre nosotros, no sabemos casi nada sobre cómo lo hacen. Algunas personas sospechan desde hace tiempo que sus dispositivos escuchan sus conversaciones. Aunque las empresas lo niegan, no hay forma de estar seguros. En 2019, se descubrió que algunos modelos del dispositivo de seguridad doméstica de Google, Nest Secure, llevaban un micrófono incorporado, que no se mencionaba en las características técnicas. Cuando se le preguntó por qué no aparecía, Google dijo que no se utilizaba nunca y que su ausencia en las especificaciones era un error.

El poder de los macrodatos

Se hizo famoso el caso de una cadena de supermercados que supo que una mujer estaba embarazada antes que ella. Había cambiado los champús por productos menos perfumados. Como se sabe que la aversión a los olores intensos es un indicador de embarazo, le enviaron anuncios de productos para bebés a su familia, que recibió el chivatazo antes de que ella estuviera preparada para contar la noticia.

Pokémon Go

El juego *Pokémon Go* lo desarrolló una empresa que empezó como una *start-up* interna de Google. Cuando se lanzó, los anunciantes pagaban para que el juego acercara a los usuarios a sus tiendas. Generó miles de millones de ingresos.

¿Ver una publicación?
¿Ver un vídeo?
¿Dar *like*?
¿Compartir?
¿No estar de acuerdo?

Los *likes* y los compartidos se reciben al instante. Esto es útil durante las campañas electorales en las que las noticias cambian en un visto y no visto.

Recopiladores de información de bolsillo

Google desarrolló el sistema operativo móvil Android en 2007 y lo vendió gratuitamente. Lo único que quería a cambio era poder recopilar información del usuario. En 2011, se había convertido en el sistema operativo móvil más popular del mundo. Más de 3000 millones de usuarios activos proporcionan datos de usuario a Google cada día.

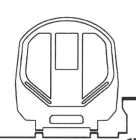

Gigantes tecnológicos

Hoy en día, un puñado de gigantescas empresas tecnológicas es el que controla la mayor parte de la información mundial. Conocidas como «gigantes tecnológicos» o *big tech*, son casi todas las empresas más valiosas de la actualidad. Es el mismo patrón que se ha visto a lo largo de la historia: los que controlan la información, controlan la sociedad. Pero ¿por qué? ¿Y qué es exactamente la información?

El control y la información

En 1948, el matemático estadounidense Norbert Wiener publicó un libro titulado *Cibernética*. No es muy conocido hoy en día, pero tuvo mucha influencia en su momento, y fue una idea clave en el desarrollo temprano de lo que se convirtió en el campo de la inteligencia artificial. En el libro, Wiener proponía que la información es, en realidad, un medio de control. Describió cómo la información controla todo tipo de sistemas, incluidos los humanos, los animales y las máquinas.

El control de los humanos y los animales

Los humanos y los animales tienen cerebros que reúnen información de los órganos sensoriales y la procesan. Utilizamos el cerebro para identificar los peligros y los objetivos de nuestro alrededor y responder a ellos con una acción. Si el objetivo está a la derecha, nos movemos hacia la derecha; si nos pasamos, corregimos nuestra acción con un movimiento hacia la izquierda. Repetimos este mecanismo hasta que logramos nuestro objetivo. Estamos demostrando un comportamiento. El cerebro controla al cuerpo en función de la información que recibe.

El control de las máquinas

Las máquinas también recogen y procesan datos. Aunque pueden ser sistemas complejos, en esencia se trata de un principio sencillo. Un termostato, por ejemplo, es un dispositivo de procesamiento de datos la mar de simple. Tiene dos acciones: encendido y apagado. Se fijan dos temperaturas objetivo: cuando el aparato detecta una temperatura, apaga la calefacción, y cuando detecta otra temperatura más baja, la enciende. De este modo, puede decirse que procesa información. Los sistemas de información se pueden considerar sistemas de control, y los sistemas de control, sistemas de información.

**Norbert Wiener
(1894-1964)**

CYBERNETICS

OR CONTROL AND
COMMUNICATION
IN THE ANIMAL
AND THE MACHINE

Norbert Wiener

Un genio precoz

Norbert Wiener se hizo mundialmente famoso de niño por ser un estudiante extraordinariamente dotado. Se graduó en matemáticas a los 14 años. Después estudió zoología y filosofía antes de hacer un doctorado en matemáticas en la Universidad de Harvard con 19 años. Al año siguiente, viajó a Inglaterra para trabajar con el renombrado matemático Bertrand Russell y estudiar las reglas de la lógica. La lógica matemática contiene muchas paradojas (cosas que se contradicen entre sí), como la oración «esta frase es falsa». ¿Había una forma de eliminar esas paradojas? Trabajaron en ello durante años, pero no consiguieron avanzar mucho. Más tarde, otro joven matemático, Kurt Gödel, conmocionó al mundo al demostrar que las paradojas son, en realidad, imposibles de eliminar. La propia lógica es, en definitiva, ilógica.

Cibernética: la ciencia del control

En su libro, Norbert Wiener acuñó la expresión «ciber». Para los griegos significaba tanto «manejar el timón» como «gobernar». Wiener escogió este término para mostrar que los sistemas cibernéticos no solo controlan el comportamiento de los animales y las máquinas, sino toda la naturaleza, al igual que la economía y la sociedad. Hacia el final de su vida, Wiener se mostró muy crítico con la investigación científica militar y rechazó toda financiación. Escribió artículos en los que pedía a sus colegas científicos que hicieran lo mismo.

Los gigantes tecnológicos

Hoy en día, si queremos información, la buscamos en internet. Cada vez que lo hacemos, entrenamos a los algoritmos para que sepan más sobre lo que queremos. La información que recogen mejora el servicio que recibimos, pero ese no es el objetivo principal: no se genera dinero con ello. Las empresas tecnológicas ganan dinero con la publicidad. Los resultados que nos muestran y las interacciones que realizamos en internet están sesgados. Puede que nosotros entrenemos al algoritmo, pero este también nos entrena a nosotros. Esto es lo que ha hecho de las *Big Tech* las empresas más ricas de la Tierra. Su riqueza la generan los clics que desembocan en compras. Pero estos hábitos de consumo tienen un coste.

Desigualdad

Hoy en día, solo ocho hombres tienen la misma riqueza que los 3600 millones de personas que constituyen la mitad más pobre de la humanidad. El «Coeficiente de Gini», que mide la desigualdad, es una cuestión compleja, pero en general ha ido aumentando desde 1800.

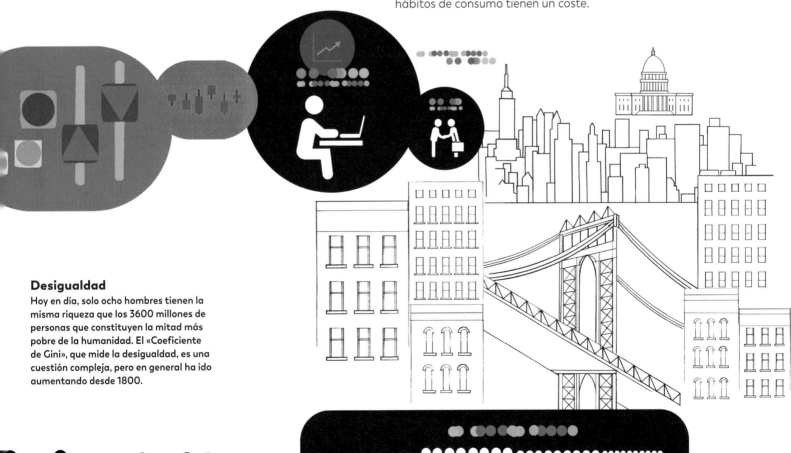

Fuera de control

Como hemos visto en este libro, a lo largo de los siglos, los humanos hemos podido ampliar nuestro control sobre el mundo natural. Una mayor información nos ha permitido fabricar mejores herramientas, con las que podemos reunir cada vez más recursos. Pero ahora estamos ante un problema: los límites de nuestro planeta.

La necesidad de cambio

Aunque es urgente que vivamos de otra manera, parecemos incapaces de cambiar. ¿A qué se debe? Nuestro sistema de medios de comunicación, el modo en que obtenemos la información, depende casi totalmente de la publicidad, que a su vez depende de que consumamos más. Teniendo esto en cuenta, sería muy difícil, si no imposible, efectuar un cambio significativo sin transformar primero nuestros medios de comunicación.

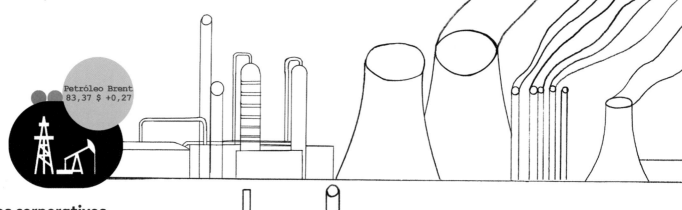

Petróleo Brent
83,37 $ +0,27

Medios corporativos

A nuestros medios de comunicación los impulsa la publicidad. Esto significa que reconocemos los nombres de las marcas y los anuncios, pero rara vez vemos las condiciones en que se fabrican los productos. Las fábricas y las granjas industriales están casi totalmente ocultas al ojo público.

La economía es uno de los principales motores de la actividad humana. Sin embargo, los daños medioambientales no se tienen bastante en cuenta en los costes. Muchas empresas se han enriquecido mientras dañaban el medio ambiente.

Los humanos y nuestro ganado representamos el 96 % de los mamíferos de la Tierra. El resto de los mamíferos salvajes, incluidos ballenas, osos, leones o ciervos, solo representan el 4 % de la biomasa de mamíferos de la Tierra.

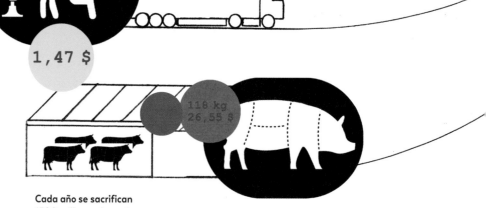

1,47 $

118 kg
26,55 $

Cada año se sacrifican 1500 millones de cerdos.

La crisis climática

Aunque la ciencia lo ha dejado claro, el mundo no ha actuado ante la crisis climática. Cada año desde 1995, los líderes mundiales se reúnen para intentar reducir las emisiones de CO_2. Hasta 2024, ha habido más de 28 de reuniones de este tipo, pero después de todas y cada una de ellas, el CO_2 ha aumentado todavía más. Aunque la mayoría de los científicos están de acuerdo en que el cambio climático es la mayor amenaza del ser humano, no ha habido ningún acuerdo vinculante. Si nuestros gobiernos no pueden hacer frente a este problema, ¿son adecuadas nuestras instituciones democráticas?

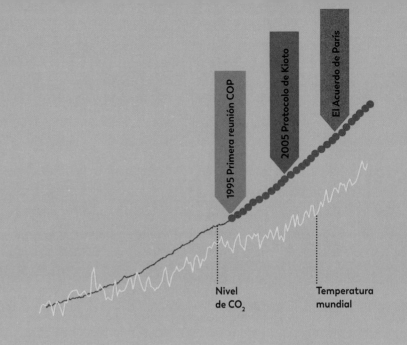

1995 Primera reunión COP

2005 Protocolo de Kioto

El Acuerdo de París

Nivel de CO_2

Temperatura mundial

La deforestación

En todo el mundo talamos anualmente unos 15 000 millones de árboles y plantamos 5000 millones. Esto significa que perdemos unos 10 000 millones de árboles al año. Cada segundo desaparece una superficie forestal del tamaño de un campo de fútbol. Alrededor del 80 % de esta superficie se destina a la ganadería.

Desde 1970 ha desaparecido el 69 % de la fauna mundial.

Información e imaginación

El antropólogo David Graeber habla en sus libros de dos fuerzas opuestas en la sociedad. El poder creativo de la imaginación humana y las fuerzas corruptoras del poder. A lo largo de este libro podemos ver estas fuerzas en acción. La civilización, según él, no sucede sin más; nosotros hacemos que suceda. Imaginamos cosas que nos gustan y las hacemos realidad. Pero algo ha salido mal. Porque ¿quién, si pudiera imaginar el mundo que quisiera, imaginaría este?

«La auténtica verdad oculta del mundo es que es algo que hacemos y que podríamos hacer de otra manera».

David Graeber

Otro mundo es posible

Las cosas pueden ser diferentes. Se pueden cambiar las leyes, se pueden cambiar los derechos de autor, se pueden cambiar las protecciones de la privacidad. Todas nuestras leyes se imaginaron en su momento y, por tanto, también pueden ser reimaginadas. Muchos pensadores destacados reclaman reformas hoy en día. Estos cambios pueden parecer inimaginables, pero ideas como estas parecieron inimaginables en su día: la democracia, la abolición, el voto para las mujeres. Cuando se cuestionaron estas ideas, la sociedad cambió. Veamos más de cerca cómo cambia la sociedad.

Cambio social

Desde la democracia, la abolición de la esclavitud y el auge de los derechos de la mujer, los derechos civiles y los derechos de las personas *queer*, nos hemos acostumbrado a la idea de que la sociedad progresa y cambia con el tiempo. Pero ¿has pensado alguna vez por qué cambia? Esto también se debe a la información.

Predecir el futuro

Las predicciones sobre el futuro subestiman el cambio social. En 1950 se publicó un artículo titulado *Los milagros que veremos en los próximos 50 años*. Entre las afirmaciones estaba la siguiente: «Dentro de 50 años las amas de casa podrán tirar los platos sucios directamente por el desagüe: los platos de plástico baratos se derretirán con el agua caliente». Cuando imaginamos el futuro tendemos a imaginar la sociedad tal como la conocemos, pero con nuevas tecnologías. El autor de este artículo nunca previó que la palabra «amas de casa» pronto se consideraría anticuada. Tampoco parecía preocuparse por el medio ambiente. ¿Qué ideas de la sociedad actual parecerán absurdas dentro de 70 años?

Entender el pasado

Martin Luther King Jr., Nelson Mandela, las sufragistas y muchas otras personas son iconos respetados de la historia. Sin embargo, en su época, a algunos se les tachó de terroristas y sus causas se consideraban desesperadas. Muchos fueron encarcelados y algunos de ellos, incluso asesinados. Al igual que no somos capaces de entender cómo será nuestra sociedad en el futuro, a veces también olvidamos lo mucho que ha cambiado ya.

ranters
ecologistas   cartistas
niveladores
    Marx y Engels   Primera Guerra Mundial
    abolicionistas   Kropotkin   sufragistas
    Huelgas del 1 de mayo
    Rosa Luxemburgo   Sylvia Pankhurst
    Mahatma Gandhi   La Rosa Blanca   Maya Angelou
    Hannah Arendt   Malcolm X   James Baldwin
Nelson Mandela
Greenham Common
Mayo del 68

Desobediencia civil

Henry David Thoreau popularizó el término «desobediencia civil» al negarse a pagar impuestos por su oposición a la esclavitud y a la guerra. En Irlanda, los arrendatarios decidieron resistirse al gobierno británico negándose de forma no violenta a pagar a los dueños de las tierras. Charles Boycott fue el primero en sufrir este trato. La protesta fue eficaz y «boicotear» se convirtió en un verbo. Mahatma Gandhi empleó unas tácticas parecidas para oponerse al dominio británico en la India. Abogaba por no guardar rencor a sus oponentes y sufrir sus violentas represalias. Las imágenes de esta página son solo una muestra de activistas de los dos últimos siglos.

Emily Davison

Emily Davison fue una sufragista que luchó por el voto de la mujer en Gran Bretaña. La detuvieron en nueve ocasiones y estuvo en huelga de hambre otras siete. Murió al ser atropellada por el caballo del rey cuando entró en un hipódromo en señal de protesta.

Martin Luther King Jr.

La prensa tildó al defensor de los derechos civiles Martin Luther King Jr. como «el hombre más odiado de Estados Unidos». Se difundieron historias falsas sobre él, le encarcelaron 29 veces, le espiaron a él y a su familia, bombardearon su casa y lo atacaron en la calle. En todo momento se mantuvo fiel a sus principios contra la violencia. Aunque al final fue asesinado, muchas de sus ideas se han popularizado. Hoy se le admira y venera en gran parte del mundo.

1800   1900   1950

Las protestas funcionan

A pesar de algunos retrocesos, en general el mundo es cada vez más democrático. La «escala Polity» clasifica a los países según sus instituciones democráticas en una escala de 0 a 10. En 1800, no habría habido ningún país que hubiera puntuado por encima de un 8, pero hoy hay 65. Muchos países nórdicos, Japón, Uruguay y varios otros puntúan 10/10, mientras que EE. UU. y el Reino Unido puntúan 8/10. EE. UU. se define como una «democracia defectuosa» por varias razones, sobre todo por la forma en que permite que el dinero influya en la política.

La escala Polity ha ido creciendo lentamente a lo largo de los siglos XIX y XX, y experimentó un fuerte aumento en la segunda mitad del siglo XX. En general, esto es muy positivo.

Los jóvenes han tenido un papel fundamental en el cambio social y las protestas a lo largo de la historia.

Harvey Milk

Audre Lorde

Occupy Wall Street

Anonymous

Wangari Maathai

Extinction Rebellion

Greta Thunberg

Los libros

Los libros desempeñan una función fundamental en la evolución de la sociedad, razón por la cual han sido prohibidos o quemados a lo largo de la historia. Las voces marginales pueden suprimirse con facilidad, pero si su mensaje se amplifica en la corriente dominante, pueden producirse grandes cambios culturales. *Matar a un ruiseñor* y *La mística de la feminidad* propiciaron grandes cambios en el pensamiento sobre la raza y el feminismo en el siglo XX. Y el libro de 1962 *Primavera silenciosa* ayudó a formar el movimiento ecologista y consiguió la prohibición mundial de un pesticida que se utilizaba en agricultura.

Cambio social frente a cambio tecnológico

Mientras que los pioneros del cambio social suelen sufrir adversidades y dificultades a lo largo de la vida, a los pioneros tecnológicos se les recompensa con enormes riquezas. Hoy en día, se cree que la inteligencia artificial (IA) es la próxima tecnología que cambiará el mundo. Las empresas tecnológicas destinan muchísimo dinero a su desarrollo. Ha comenzado una carrera, esta vez por la información misma. Cuantos más datos se le proporcionen a la IA, mejores resultados dará. Las empresas, o la empresa, con más datos serán las que dominen esta próxima frontera.

Marsha P. Johnson

Activista estadounidense de la liberación gay y drag queen, Johnson fue una de las figuras destacadas de la revuelta de Stonewall de 1969. Como otros miembros de la comunidad trans, a menudo se la agredió con violencia. Solía decir que su segundo nombre era «Pay no mind» (No hagas caso). Murió en circunstancias sospechosas tras ser atacada por una turba.

Ken Saro-Wiwa

El poeta y activista nigeriano Ken Saro-Wiwa dirigió una campaña no violenta contra la petrolera que contaminaba su tierra natal. Criticó a la dictadura militar nigeriana por su reticencia a aplicar la normativa medioambiental. Él y otras ocho personas fueron asesinadas en 1995.

Wangari Maathal

La activista política keniana Wangari Maathai fue fundamental en el movimiento democrático de Kenia. En su lucha contra la corrupción, se enfrentó a detenciones y agresiones físicas. Más tarde, fundó una organización medioambiental centrada en la plantación de árboles, la conservación y los derechos de la mujer.

2000

En la década de 1950, un grupo de informáticos empezó a cambiar de enfoque. En lugar de escribir software para resolver un problema, le darían al ordenador las herramientas para resolver problemas por sí mismo. Se estaba enseñando a los ordenadores a aprender, a procesar el lenguaje y a identificar objetos. Se acuñó un término para describir este nuevo campo: inteligencia artificial.

Un aprendizaje profundo

En sus inicios, la inteligencia artificial, o IA, era capaz de jugar al ajedrez y demostrar algunas teorías matemáticas, pero los avances eran lentos. En la década de 2000, sin embargo, los ordenadores más rápidos y los grandes volúmenes de datos ayudaron a acelerar un proceso llamado «aprendizaje profundo». El aprendizaje profundo utiliza «redes neuronales» para imitar el modo en que aprende el cerebro humano. En 2012, superó a otras formas de aprendizaje automático en el reconocimiento de imágenes. Desde entonces, se está utilizando en una amplia gama de aplicaciones.

El reconocimiento de imágenes

Millones de imágenes etiquetadas con información se introducen en redes neuronales. Esto entrena a la IA para que reconozca lo que contienen las imágenes. Por ejemplo, se alimentó un sistema con escáneres etiquetados por especialistas en cáncer formados al efecto. Pronto, la IA fue capaz de identificar un cáncer incipiente con más precisión que los médicos. En casi todas las áreas del reconocimiento visual, la IA supera ahora a los humanos.

Las redes neuronales

El aprendizaje profundo implica el uso de redes neuronales con múltiples capas. Cada nodo, o punto, de una red extrae una característica. Cada capa de la red extrae características de nivel superior a partir de los resultados de la capa anterior. En la red de reconocimiento de imágenes de abajo hay cinco capas. Cuando se introduce una imagen en la red de abajo, la primera capa extrae los bordes de los píxeles, la siguiente identifica las partes a partir de los bordes y la siguiente reconoce los objetos a partir de las partes. Esta jerarquía es clave porque permite que los modelos aprendan e identifiquen relaciones muy complejas entre los datos.

Conjuntos de entrenamiento

El éxito de la IA depende de la cantidad de datos de partida. Una herramienta de IA, Midjourney, utilizó 100 millones de imágenes para su conjunto de entrenamiento. ChatGPT utilizó 300 000 millones de palabras. Es un tema controvertido porque estos datos se utilizaron sin permiso.

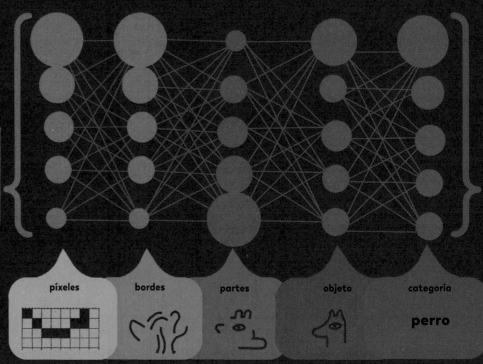

La revolución de la IA

Se espera que la revolución de la IA tenga un efecto en la sociedad parecido al que tuvo la Revolución Industrial en el siglo XIX. Durante la Revolución Industrial, las máquinas de vapor empezaron a sustituir a los trabajadores manuales. Esto provocó un enorme aumento de la productividad y un incremento de la riqueza para algunos, pero como los trabajadores cualificados fueron sustituidos por máquinas, el desempleo masivo llevó a la explotación masiva. Esto, a su vez, provocó una reacción violenta, y los sindicatos lucharon por las ayudas sanitarias y sociales de las que disfrutamos hoy en día. La IA tiene el potencial de cambiar la sociedad de una forma aún más drástica. Se prevé que casi la mitad de los empleos actuales quedarán obsoletos en las próximas décadas. ¿Cómo nos adaptaremos a eso?

La Singularidad

La Singularidad es la teoría que afirma que, en algún momento del futuro, la IA será tan avanzada que superará la inteligencia y el control de los humanos. Esto podría comenzar una aceleración tecnológica «desenfrenada» con consecuencias desconocidas para la sociedad.

La generación de imágenes por IA

Para que la IA pueda crear una imagen, se invierte el proceso de reconocimiento de imágenes. A una IA entrenada para reconocer perros se le puede dar una imagen en blanco y pedirle que intente reconocer alguno. Si no hay nada visible, la máquina hará algunas marcas y reconocerá zonas de estas que se parezcan a los rasgos de un perro, como unas orejas puntiagudas. Las resalta y subraya, y el proceso se repite una y otra vez hasta que el ordenador «dibuja» un perro a partir de la nada.

Las redes semánticas

Otro tipo de red neuronal artificial, llamada «GPT», trabaja con texto. ChatGPT se lanzó en 2022 y causó un auténtico furor. Las IA entrenadas en el lenguaje crean redes de significado llamadas «redes semánticas» que les permiten establecer relaciones entre las palabras. Sin embargo, como se entrenan con información proporcionada por humanos, reproducen y refuerzan los prejuicios humanos existentes. Esto ya está causando problemas en la actualidad. La IA ya se está utilizando para analizar solicitudes de crédito, aprobaciones de hipotecas, candidaturas a puestos de trabajo y hasta la libertad condicional en las cárceles.

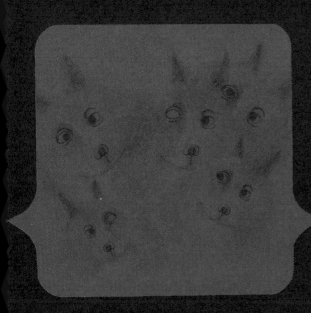

IA contra IA

Para mejorar los resultados, las IA a veces se baten en duelo en un proceso llamado «entrenamiento antagónico». Para crear imágenes realistas, por ejemplo, una «red generadora» crea imágenes mientras que una «red discriminadora» intenta adivinar si la imagen es real o falsa. Las dos redes se entrenan juntas, lo que se traduce en la generación de imágenes muy realistas.

Al analizar textos, se refuerzan los sesgos. Las IA han asumido que todas las enfermeras son mujeres y los médicos, hombres.

La mente

Desde el lenguaje al dibujo, pasando por la imprenta y la informática, todos los medios que hemos visto en este libro no son más que formas distintas de transmitir y procesar la información. Al final, sin embargo, todo se reduce a nosotros y a nuestra mente. La información no es nada si no se comprende. Pero ¿qué es la comprensión?

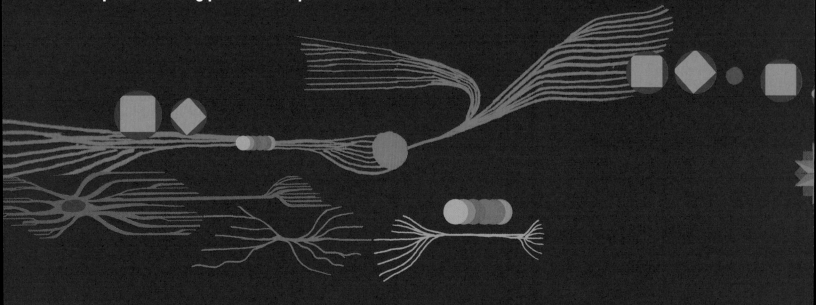

Un cerebro humano contiene casi 100 000 millones de neuronas. Cada una de estas diminutas neuronas puede tener hasta 15 000 conexiones con otras neuronas, lo que da trillones de posibles combinaciones diferentes.

Comprender la comprensión

¿Cómo comprendemos? ¿Qué es la comprensión? No tenemos ni idea. No sabemos casi nada sobre cómo funciona nuestro cerebro. Sabemos que nuestra mente interpreta las sensaciones para crear experiencias, como cuando sentimos el calorcito del sol en la piel o vemos el color del mar con los ojos. El cerebro convierte estas sensaciones en experiencias. Nuestro cerebro nunca ha visto el mundo exterior, está encerrado en la oscuridad dentro de nuestro cráneo. Sin embargo, de alguna manera, crea todo lo que experimentamos, nuestra conciencia. En cierto sentido, crea el mundo.

Otras mentes

El filósofo Thomas Nagel escribió en 1974 un artículo muy influyente titulado *¿Qué se siente al ser un murciélago?* En él, describe la dificultad de comprender la conciencia. Su naturaleza subjetiva socava cualquier intento de explicarla con los medios científicos habituales. Lo explica pidiéndonos que imaginemos cómo es ser un murciélago. Aunque es posible imaginar cómo sería volar, usar la ecolocalización para desplazarse, colgarse bocabajo y comer insectos como ellos, no es lo mismo que percibir el mundo desde la perspectiva de un murciélago.

El sueño

Cada cultura tiene sus propios mitos sobre la creación. Algunas culturas creen que el mundo se hizo en seis días. Otras creen que el dios creador nació de un huevo de oro. Las culturas australianas son las únicas que creen que el mundo se creó soñándolo. A veces, se hace referencia al tiempo anterior como «el sueño». Tal vez haya una verdad muy real en esta antigua creencia.

Más allá de la muerte

Algunos tecnólogos creen que en el futuro podríamos encontrar la forma de transferir nuestra experiencia consciente fuera de nuestro cuerpo. De ser así, nuestra conciencia podría ir más allá de nuestro cuerpo e incluso trascender la muerte. Esta idea se denomina «transhumanismo». ¿Seremos capaces de construir una máquina que procese la información igual que nosotros? Y si así fuera, ¿sería consciente? ¿Y si pudiéramos mejorarla? A medida que se desarrolle la tecnología de la información, seguirá planteando preguntas y desafiando nuestra concepción del mundo.

La realidad no es lo que parece

Percibimos el mundo. Vemos los colores. Sin embargo, en cierto modo, lo que experimentamos como color no existe en el mundo real. Cada color lo produce una frecuencia diferente de luz. Aun así, la experiencia real de ese color —ese «enrojecimiento»— es en realidad una percepción. Esa percepción, como todas las demás, la crea el cerebro. Norbert Wiener escribió que «la información es información, no es ni materia ni energía». ¿Es posible que el mundo tal y como lo conocemos no exista? ¿Que no haya materia, energía, tiempo ni espacio? ¿Y que lo único que haya sea... información?

INDEX

> «El alimento de la paloma torcaz es la baya; el bosque es su mundo. El alimento del pueblo es el conocimiento; el mundo es su bosque».
>
> **Dicho maorí**

Del autor:

La idea y los materiales de este libro se inspiraron en un curso de 2006 de la Universidad de Berkeley (California) titulado «Historia de la Información» y creado por Geoff Nunberg y Paul Duguid. Por desgracia, Geoff falleció en 2020. Paul ha contribuido muy amablemente como consultor en este libro. Estoy en deuda con ambos. También quiero dar las gracias a mi agente, Debbie Bibo, de Loonie Park, por la investigación, las ideas y la redacción. A mi editor, James Mitchem, a la editora artística Charlotte Milner, y a todo el equipo de DK Books. A David Cromwell y a David Edwards de medialens.org, a Daishu Ma, Moa Pårup, Nika Dubrovsky, Matt Taylor, Ed Vere, Mukul Patel, Jonathan Hulland, Richard Gizbert y Gilad Lotan. La fuente es obra de Andreas Pohancenik.

AGRADECIMIENTOS

La editorial agradece a las siguientes personas su generosa ayuda en la preparación de este libro:

Sonia Charbonnier, William Collins, Stevie Crozier, Tom Morse y Andreas Pohancenik por su asistencia técnica, tipográfica y de maquetación. Martin Copeland, Nathalie Coupland, Nicola Evans y Kirsty Howarth por su asesoramiento jurídico y su experiencia. Justine Willis por la corrección de pruebas. Marie Lorimer por la indexación. Simon Mumford por la cartografía. Lisa Gillespie y Phil Ormerod por su pericia y perspicacia. Gracias a todos los equipos de ventas y marketing de DK. Y a Fay Evans y Debbie Bibo por ayudar a poner en marcha este proyecto.

La editorial también quiere dar las gracias a las siguientes personas y entidades por haber dado permiso para reproducir las fotografías: (Leyenda: a-arriba; b-abajo; c-centro; l-lejos; i-izquierda; d-derecha; s-parte superior).

AAM Archives Committee: AAM Archive, Bodleian Library 136 (15); **Alamy Stock Photo:** adsR 107ci, AF Fotografie 56cda, agefotostock / Historical Views 18 c, Agefotostock / Tolo Balaguer 41cda (códice Grolier), Album 53ci, 77cdb, 92cdb (Mussolini), Alpha Stock 106cib, Art Collection 3 74cib (Illustrated London News), Associated Press / Anonymous 96cib, 97cib, Associated Press / Joseph R. Villarin 97cb, Associated Press / Richard Drew 95ci (Walter Cronkite), Neil Baylis 106cr, Book Worm 51sc, Sunny Celeste 48ci, Chronicle 38ca, 68c, 72cb, 77cda, 106cdb, CPA Media Pte Ltd / Pictures From History 35cia, 60ci (cabeza de perro), CSU Archives / Everett Collection 136 (8), Darling Archive 57ca (telescopio), Design Pics Inc / Hawaiian Legacy Archive / Pacific Stock 93cb, Eraza Collection 67ci, Everett Collection Inc 37ca, 92cdb (Coughlin), 94c, 94c (I Love Lucy), 94cdb, 136 (12), Everett Collection, Inc. 91cdb, f8 archive 106cb (anuncio de Peps), © Fine Art Images / Heritage Images 49ca, Florilegius 61cia, 61cia (sistema arterial), 61ca, Gainew Gallery 57cd, Glasshouse Images / Circa Images 77c, 136 (4), Glasshouse Images / JT Vintage 71cib, GRANGER - Historical Picture Archive 44cb, 47sc, 47bd, 67c, 67cd, 72cib, 73cdb, 77ca, 78c, 105si, 108cib (anuncio Lucky Strike), 136 (1), Gibson Green 71cib (Reflections de Burke), Patrick Guenette 70cib (sello), Shim Harno 38cda, 77cb (tren), Hi-Story 103ci, Historic Collection 44cb (Chaobao), 68cd, Historic Images 59cdb, 78c (Anne), 91cb, Historica Graphica Collection / Heritage Images 77cib, History and Art Collection 92ca, Hum Images 136 (7), IanDagnall Computing 79cb (Mickey Mouse), 102cda, 102c, imageBROKER / Logo Factory 79cdb (logo de Autoconf), 79cdb (logo de Linux), INTERFOTO / History 79cib, 136 (10),

INTERFOTO / Personalities 52bc, Jeff Speaks 53c, John Frost Newspapers 74cib (Manchester Guardian), 74cb (Daily Mail), Lanmas 18-19ca, Lebrecht Music & Arts / Lebrecht Authors 101cda, Lenscap 75cb, Logic Images 133si, Lynden Pioneer Museum 93cib (Rinso), Magite Historic 59cb, Maidun Collection 136 (3), MAXPPP / Hanna Franzn / TT 137cb, Patti McConville 107c, Moviestore Collection Ltd 77cdb (Charlie Chaplin), Niday Picture Library 70cib, NMUIM 40cb, 41ca, Penta Springs Limited / Artokoloro 70cb, Penta Springs Limited / Corantos 72cdb, Photo Vault 34cia, Pictorial Press Ltd 50ca, 56cb, 61ca (Encyclopedie), 76cb, 102cd, 107si, Retro AdArchives 106c (Campbells), 108cib, Maurice Savage 74ci, 75cib, 136 (2), Science History Images / Photo Researchers 57ca, 69cd, Some Wonderful Old Things 84cdb, Stockimo / Julesy 137ca (Act Now), Stocktrek Images / Vernon Lewis Gallery 102ci, Studioshots 83c, Sddeutsche Zeitung Photo / Scherl 76cib, Svintage Archive 70cdb, Amoret Tanner 101cb, The History Collection 41cda, 60cda, 72cb (timo de la luna), The National Trust Photolibrary / John Hammond 69c (Interest-Book), The Natural History Museum 61si, The Picture Art Collection 16c, 23cb, 52bi, 71cb, 78cb, The Print Collector / Ann Ronan Picture Library / Heritage- Images 78cdb, The Print Collector / Heritage Images 39cia, The Print Collector / The Cartoon Collector / Heritage-Images / John Tenniel 101c, The Reading Room 16cdb, 79sc, Thislife Pictures / Thislifethen 83cd, Universal Art Archive 52cd, 57cb, 71cib (Derechos del Hombre), Universal Images Group North America Llc / Marka / EPS 77cb, Volgi archive 44cdb, 56-57cb, © Warner Bros / Cortesía de Everett Collection 96c, Colin Waters 121ci, Bill Waterson 93cdb, World History Archive 18cd, 37cda, 38cia, 41ca (Códice de Madrid), 53bc, 57c, 69ci, Zoompics 136 (5), ZUMA Press, Inc. 95cib; **Bridgeman Images:** British Library, London, UK 67si, British Library, London, UK / Charles Darwin 83bc, Giancarlo Costa 60ci, English School 61ca (definición de "avena"), English School, (siglo XVII) / English 78ci, PVDE 77cd (Mary Claire), © The Advertising Archives 106cb; © **The Governor and Company of the Bank of England, the Charter incorporating the Governor and the Company of the Bank of England M6 / 48:** 69c; **Depositphotos Inc:** Morphart 44bd; **Dreamstime.com:** Boggy 28cdb, Dragosphotos 137ca (Go Vegan), Eugenebsov 137cia (bandera del prgullo), Hibrida13 85si, Daniel Kaesler 121c, Jasbir Kaur 137ca (Just Stop Oil), Lawcain 64cb, Auncha Mee 136 (13), Minerva853 137ca (Black lives matter), Zeeshan Naveed 79cb, Patrimonio Designs Limited 137ca (Occupy Wall St), Channarong Pherngjanda 87sd, Ricochet69 136 (14),

137ca (extinción), Sazori 105cia, Studio3321 23cdb; **cortesía de Folger Shakespeare Library:** 53cd; **Getty Images:** Archive Photos / Kean Collection 83cd (To My Beloved One), Archive Photos / The New York Historical Society 73cib (Chico Amarillo), Bettmann 92cdb (Hitler), 96cdb, Hulton Archive / Fox Photos / Stringer 67c (Daily Courant), Hulton Archive / Print Collector 101cdb, Michael Ochs Archives 93cb (Chuck Berry), Science & Society Picture Library 94cib, The Image Bank / Archive Holdings Inc. 95ci; **Getty Images / iStock:** DigitalVision Vectors / Whitemay 83cd (postal navideña victoriana), mj0007 70cb (We the People), Photos.com 53bc (planta del pimiento); **IEEE:** The Design of Colossus (con prólogo de Howard Campaine) / Thomas H. Flowers 118c; **Library of Congress, Washington, D.C.:** 39ca, 76bd, Keep America Beautiful 108cdb, New York evening journal 73cdb (España culpable), New York journal and advertiser 73cb (New York journal), 73cb (The Evening World), Marion S Trikosko 136 (11), Colección de Wollstonecraft, Mary, Susan B Anthony y Susan B. Anthony 71si, WPA Federal Art Project / Isadore Posoff, 108cb; **The Metropolitan Museum of Art:** Colección de H.O. Havemeyer, obsequio de Horace Havemeyer, 1929 36ci; **Museum of American Finance:** 85cb; **NASA:** 96cb; **Museos de París:** Carnavalet Museum, History of Paris / Imprimerie Valle 70cd; **Rare Books and Special Collections, University of Sydney Library:** 57cda; **Science Photo Library:** 42bd, Middle Temple Library 54bc; **Scientific Research Publishing Inc.:** The History of the Derivation of Eulers Number / Mohsen Aghaeiboorkheili y John Giuna Kawagle 56c; **Shutterstock.com:** 360b 105ca (OBERSALZBERG), Scott Cornell 103c, Everett Collection 73cb, 105ca, 105cd, 136 (6), Siam Vector 136 (9), Kharbine-Tapabor 77cd, Universal / Kobal 103cd, windmoon 35si, Anastasiia Zhadan 137cia (Love is not a Crime); **SuperStock:** Science and Society / SM / SSPL 116-117b; © **Telegraph Media Group Limited:** 74cib (Telegraph); © **The Sainsbury Archive:** 106c (J. Sainsbury); **Wellcome Collection:** 58cdb, 59cib, 59cb (Natural and political observations), 61cda.

Créditos de los datos WORLDPOPULATIONHISTORY.ORG: Según la recopilación de mapas y conjuntos de datos de Population Education (populationeducation.org) / (worldpopulationhistory.org) 6s, 16s, 28s, 42s, 54s, 64s, 80s, 88s, 98s, 112s.

En el caso de las demás imágenes: © Dorling Kindersley Limited.